女人受益一生的气质课

[美] 卡耐基 著

雅楠 编译

古吴轩出版社

图书在版编目（CIP）数据

女人受益一生的气质课／（美）卡耐基（Carnegie,D.）著；雅楠编译．—苏州：古吴轩出版社，2013.12
ISBN 978-7-5546-0168-6

Ⅰ.①女…　Ⅱ.①卡…　②雅…　Ⅲ.①女性—气质—通俗读物　Ⅳ.①B848.1-49

中国版本图书馆CIP数据核字（2013）第271758号

责任编辑：王　琦
见习编辑：陆九渊
策　　划：张春霞
封面设计：嫁衣工舍

书　　名：女人受益一生的气质课
著　　者：〔美〕卡耐基
编　　译：雅　楠
出版发行：古吴轩出版社
地址：苏州市十梓街458号　邮编：215006
Http://www.guwuxuancbs.com　E-mail：gwxcbs@126.com
电话：0512-65233679　传真：0512-65220750
经　　销：新华书店
印　　刷：三河市兴达印务有限公司
开　　本：690×980　1/16
印　　张：17.25
版　　次：2013年12月第1版　第1次印刷
书　　号：ISBN 978-7-5546-0168-6
定　　价：29.90元

前言

世人常说，女人如花。生命将开花的权利赋予了每一个女人，只可惜，不是每个女人都能够让自己在花期中娇艳盛放。能不能馥郁葱茏，能不能明艳动人，取决于个人的仪态姿容是否有优雅完美的展现。走过了花期，有些女人可以沉淀岁月，留下一份永不消逝的芬芳，有些女人却只能沾染岁月的尘埃，美丽不再。两者之间有着天壤之别的原因，在于气质。

美丽的女人未必能够吸引人，未必能够优雅从容、富有气韵。赋予女人神奇风采与瑰丽人生的从来不是外表，而是气质。气质是源自内里的一种底蕴，一种对生活的姿态。再多的化妆品，再昂贵的衣装，若少了气质为之支撑，也难以让人把它与美丽联系起来。

真正的女性气质建立在健康的生活理想的基础上。女人的气质体现在知识、智力、才能、品格、性情、涵养及道德情操等多方面。当然，还少不了开阔的眼界，它不仅影响气质的深度，更是心灵丰富的标志。

《女人受益一生的气质课》收集了成功学大师戴尔·卡耐基多年以来对女性生理、心理的研究心得，是一本写给女人的经典气质教科书，是可以让每一位女性效尤并且受益一生的力作。本书主要以魅力、仪容、气韵、心态、自信、成熟、性情为主题，全方位多角度指导女性由内而外提升自己的气质，脱胎换骨做魅力女人！

在《女人受益一生的气质课》中，卡耐基以真实生动的案例帮助女性认识自我、完善人格、提升魅力，掌握诸多打造气质的方法；以睿智风趣的笔触，为女性量身打造了优雅之美、气韵之美、成熟之美、情调之美等课程。

在这本书里，女性朋友既可以在卡耐基丰富的教学经历中明白自身的问题所在，又能找到许多具体的行为准则和做事指导。卡耐基的观点和思想是深刻的，同时也是实用的。无论是未婚的青年女子，还是已婚的中年女性，都能在本书中找到切实可行的人生指导和精神启迪。

希望各位女性朋友能够在这本书的带领下，从现在开始，精心雕琢你的内在与外表，修炼足以倾倒众生的气质，自在从容地释放属于自己的独特风采！

目 录
Contents

Chapter1
内外兼修，好女人出得厅堂下得厨房

Chapter2
丑小鸭也能变天鹅，社交女皇言语身形都漂亮

Chapter3
多看多听多学，懂得越多幸福越多

Chapter4
凡事放宽心，快乐是生命最美的姿态

Chapter5
挺胸抬头不要怕，女人大大方方闯天下

Chapter6
用成熟这把钥匙拧开幸福的门

Chapter7
做独立女人，自己的事自己搞定

Chapter8
温柔贤内助，丈夫家庭两手抓

Chapter9

善良是最美的嫁衣，多爱自己也多爱别人7

Chapter1

内外兼修，好女人出得厅堂下得厨房

魅力是一种修养与气质，是女人的内涵与独特个性的结晶。它如同一层光环一样笼罩着女人，并且随着时间的沉淀愈加醇厚动人。容颜会老去，但魅力是女人身上历久弥香的珍品。

——戴尔·卡耐基

女人七十二变，魅力永拔头筹

关于美丽，人们似乎从出生的那一刻起，就开始用不同的方式进行诠释和创造。爱美是人的天性。上帝把美丽作为一份特别的礼物赐予了女人，于是，追求美丽就成了女人的天赋。所以，女士们一定要好好把握这一专利，因为在这个世界上，每天的你都是不一样的。好好打造世上独一无二的自己吧，给自己无数个有关美丽的惊喜！

每天早上，女人在头发和服装上要花费很多的时间和精力，对此，很多男士都表示不能理解。其实，这是女人们的“私房课”，她们希望给人一种眼前一亮的感觉，所以才愿意花费大量时间来“武装”自己的表面。同时，美丽出众的外表也会给她们自己带来心理上的满足感，让她们充满信心、意气风发地开始全新的一天。

天使的脸蛋和魔鬼的身材，人们都认为这是美丽的必备条件，而这也成了每个女人追求外在美的目标。但另一方面，被视为“花瓶”的情况，也给女人带来了诸多烦恼和麻烦。所以，天生丽质的女人要想真正赢得人们的青睐，还必须依靠智慧的头脑，以平和的心态把握住这份美丽，才能修成女神。

追求美丽也好，精心打扮也罢，都不能过头。最美的人，往往是在穿衣打扮上懂得选择最适合自己气质的那些人。容貌的美丽不过是表面上的东西，真正的美丽源于丰富的心灵，这才是女人需要花费精力去获取的。红颜易逝，心灵永恒！心灵的美是人之美的源泉，它决定着外在美，历经岁月亦不磨灭，是女人最长久的魅力。一个有思想、有智慧、有内涵，善良温柔的女人才会拥有永恒的美。

卡洛琳女士，一个年仅28岁的年轻女孩，已拥有一份年薪10万美元的工作：在纽约一家保险公司担任高级讲师。如此年轻就能这么成功，确实很令人羡慕。后来，我跟她接触后才知道，卡洛琳女士只用了半年的时间，就从一名普通的业务员成为一名高级讲师。这对于眼前这位个头不高、皮肤黝黑，脸上布满雀斑的普通女孩来说，该是多么不容易啊！更让我感到惊讶的是，她只有初中学历，也没有什么显赫的家庭背景。

“我觉得，美丽的外表就像是一只瓶子，上面涂满了绚丽的色彩，第一眼看上去很漂亮。可如果它肚子里面什么东西也没有或者只是金玉其外败絮其中，那肯定会让人反感，因为它辜负了如此美丽的外表！反过来，如果是一只看上去不太美甚至表面不平整的瓶子，它肚子里却装满了浓香的咖啡或是醇香的美酒，那它肯定会吸引很多人。人们会忍不住端起它闻一闻，尝一尝，享受陶醉其中的美妙之感。”

卡洛琳女士说得多好！她是在告诉所有女人，就算你拥有美丽的外表，可若心灵是空白的，甚至是不美好的，那就如同一副空皮囊；相反，就算你的外表不那么美丽，可你有聪明的头脑、纯善的心灵、良好的修养、优雅的举止、灿烂的微笑，那么你同样可以赢得别人的尊重与认可，成为另外一个美丽的你。内外兼修，才是女人最大的美丽和魅力。而这样的女人，她们的内心一定是充实而幸福的。

提起幸福，我认为，人生最高境界的幸福，不是外在美，也不是内在美，而是生命之美。生命是非常可贵的，女人要懂得用思考的头脑去畅想，用敏锐的眼光去发现，用敏感的心灵去感受无处不在的美丽风景，还要用自己勤劳的双手去创造美丽。在不断完善、不断充实的过程中，像一束温暖而耀眼的光芒那样，幸福地向前走。

不漂亮可以哭，没气质却该打

我相信，能够得到同性的羡慕和异性的称赞，是每一位女士的心愿。当然，也一定会有人问：怎样才能实现这个心愿呢？其实，答案非常简单，那就是不断修炼自己的气质，成为一个有涵养、有气质的女人。

很多女士认为，那些最可爱、最吸引人的女孩，应该都有着一张漂亮的脸——我不得不说，这真的是一个错误的想法。我见过很多长相出众的女孩，可她们并没有让周围的人觉得她们是一道美丽的风景线。你一定很奇怪是不是？可事实就是那样。因为，她们给人的感觉很肤浅，不耐看，缺少一种气质。相反，有很多被万众瞩目的女明星或者女模特，她们并没有特别漂亮的外貌，可身上那种独特的气质让她们无论走到哪里，都会吸引众人的目光，成为焦点。

女士们，我想要告诉你们，气质这种内在的东西比外表重要得多，因为它是一种人格魅力。外表的美丽会随着时间的变化而慢慢消逝，它往往会受到年龄和服饰的限制。可是，气质给人的美却不一样，它是永恒的，比如下面例子中的考斯夫人。

今年35岁的考斯夫人是一位高级培训师。大多数人一定会以为，能够拥有此职位的人一定是一个受过高等教育的人；就算没有那么高的学历，也一定在相貌上看起来端庄大方、美丽动人。遗憾的是，考斯夫人根本不是这样的：她没有上过大学，甚至连高中都没有毕业。见她第一面的人，更是被这位高级讲师的外貌吓了一跳：矮个子，高颧骨，脸颊两边星星点点地长了一些斑——这样的长相，怎么看都不像是一名高级培训师。

最开始，我对考斯夫人也持有一种怀疑的态度，可听了一堂她的课之后，这种感觉就完全消失了，随之而来的是一种敬佩。在课堂上，考斯夫人举手投足之间所展现出来的美感，散发出了一种独特的吸引力。每个认真听完她讲课的人，都会不知不觉地被她的气质打动。

事后，在和那家公司董事长闲聊的过程中我了解到，考斯夫人是那里最好的培训师。董事长亲口告诉我："卡耐基先生，我知道你的疑问。是的，也许考斯夫人长得的确不是很漂亮，可她身上那种慑人的魅力，却让她成为我们这里最好的培训师。无论走到哪里，她身上的亲和力都能引起他人的关注。也正是因为具有这样的气质，她总能打动那些来试听的人最后购买我们公司的产品。"

再后来，考斯夫人成了我最好的朋友之一。我们在聊天的时候也会谈到这个话题。考斯夫人似乎并不感到意外，她用平和而坚定的口吻对我说："戴尔，你知道吗，我曾经一度非常自卑。那时我二十几岁，正是非常在乎自己容貌的时候，我认为自己是一个丑女人。不过后来我越来越认识到，无论我们多么在意，一个人天生的容貌是我们不能掌控、无法改变的。所以，我开始不再那么在意自己的容貌，而是开始注重培养气质。渐渐地，我发现自己的朋友越来越多，自己也更受欢迎了。”

听完考斯夫人所说的这些话之后，各位女士，你们的感触是不是很深呢？是的，无论我们多么在意，一个人的容貌是天生的，是我们怎么也无法改变的。当然你会说通过整形等手段，但那不是自然的容貌！而一个人的气质却完全可以通过自己的后天努力去培养。

那么接下来的问题是，怎样才能培养自己的气质呢？

首先，自身的心态以及对待生活的态度必须要改变。各位女士，你们有没有留心那些有气质、有格调的女人都是什么样子的呢？她们热爱自己的生活，有理想、有追求，并会为了自己的目标而不懈努力。反之，那些意志消沉、内心空虚的女性是根本没有什么气质可言的。所以，各位女士，我想让你们知道的是，要想培养自己的气质，首先就要改变自己的心态以及对待生活的态度。

其次，自己的言谈举止也是需要格外注意的，因为良好的举止会让我们显得更有涵养。虽然说气质是一种内在的修养，但是它却可以通过一个人的言谈举止来体现。比如你说话的语气、走路的姿势、待人接物的风度，这都属于气质。因此，在和别人交往的时候，你一定要注意自己的一言一行。

最后，读书也可以让女人的文化内涵更加深厚。毋庸置疑，一个经过文化熏陶的女性身上所散发出来的优雅气质，必定会让她们显得更有魅力，更快地得到他人的青睐。所以，要想做一个有魅力、有格调的女人，各位女士，你们就一定要通过多读书来增强自己的文化内涵。（关于培养气质的具体做法，我在后面的部分还会逐一讲到。）

时装是流行的好，衣服是适合的好

也许，各位女士已经注意到了，在前面一节的内容里，我一再强调内涵和气质对于女性而言，比外表更重要。但是我真的不希望各位女士误解了我所说的话：我在说明内涵以及气质非常重要的同时，并没有说个人仪表不重要。从某种程度上来说，一个人的仪表是可以反映出这个人的气质和内涵的。你穿什么样的衣服、化什么样的妆，都能映射出你的品位高低。

在此，我想提请各位女士注意，在生活中不能忽略了着装打扮。一位能获得大家好感的女士，往往都是会着装、会打扮的人。她们通过这些表现出自己的内涵以及品位。反之，即使一个长得再漂亮的女孩，如果她穿得邋邋遢遢或者服饰搭配非常不合理，那么也是会让大家对她敬而远之的。

值得强调的是，在着装打扮的时候，女士们一定要遵守的原则就是“仪表得体”。现在很多女士在买衣服的时候，首先考虑的并非这件衣服适不适合自己，而主要是在意它们的价钱。还有些女士则是完全置合身、得体等要素于不顾，只要看到别人都在买哪一款衣服，她肯定也会去买一件同样的——她们根本没有自己的审美观。

当然，选择适合自己气质的装扮与不同场合的穿着打扮，是有所区别的。如果不注意这一点，就会闹出笑话。

两个礼拜前，我和桃乐丝收到了一位朋友的晚宴邀请，这是由一位政府要员举办的非常隆重的晚宴，听说到场之人都是些有身份、有地位的人。

从接到邀请的当天开始，桃乐丝马上就投入了准备之中。接下来的一周时间里，她跑了好几家制衣店，反反复复地比较和挑选，最后给自己订制了一件晚礼服。除此之外，她还买来了新的鞋子和首饰。在这些东西全都准备好后，她仍然反反复复地问我："戴尔，你看我穿这些衣服去参加晚宴合适吗？可不要闹出笑话啊！"是的，我完全能感觉到桃乐丝对于这次晚宴的重视，她很在意自己的衣着打扮。

所以，各位女士们，在选择服饰的时候，也希望你们能够像桃乐丝那样，多多考虑场合，因为不同场合的服饰选择是有所不同的。

多穿些经典而朴素的衣服，化一些淡妆，这是我经常给女士们的一些建议。现在，常常能看到浓妆艳抹、身着华贵服饰的女士们。其实，在我看来，女人的魅力同样可以来自朴素的衣着。廉价的衣服不仅花费不多，而且穿起来非常合身，市面上有很多这样的衣服可以供大家挑选。有些女人有一种错误的想法，认为穿这样的衣服显得很寒酸。我认为，衣服无论贵贱，只要适合自己，就是最好的。

当然，各位女士，作为一个男人，我实在无法在穿衣打扮上给你们更多的建议。不过不久前，我拜访了一位非常时尚，在着装打

扮方面有着独特见解的女士，她就是《家庭妇女》的主编迪迪安女士。初次见面，我们在聊天中谈及到女性装扮的问题。我问她："女性穿什么样的衣服、化什么样的妆容才算合适呢？"迪迪安说："我无法给出一个固定的答案，因为每个人都有不一样的特点，在着装打扮方面各人也不相同。不过在这方面，我倒是可以给女士朋友们一些建议，仅供参考。"

下面就是迪迪安女士给出的一些建议：

一定要选择适合自己的，而不要总去盲目地追随别人；衣服的款式不一定随时都要引领时尚，但一定要突出自己的特点；学习一些有关色彩的知识，以便能更加自如地进行服饰搭配；不一定非要化浓妆，要根据自己的需要来选择眉笔和口红；在买衣服或者买化妆品的时候，一定要知道不同的年龄有不同的需求，要根据自己的年龄来选择合适的；注意护理自己的手指甲和脚趾甲。

各位女士，迪迪安的这些建议无疑都是非常有价值的，希望你们不要忘记。只要能够多花些心思在穿着打扮上，恰当地选择适合自己的，就一定可以成为一个魅力四射、受人瞩目的女人。那么，具体究竟应该怎样做呢？

首先，要具有以不变应万变的智慧，既要保持流行，又能穿出个性。每套衣饰都会有一些流行元素，但不要选择那些流行元素过度集中的服饰。善于使用夸张的饰物、鲜艳的色彩来突出个性的，才是真正的搭配高手。简而言之，那些常人觉得漂亮但又不太好搭配，轻易不会穿的东西，如果能鲜明地加以表现，那就是你的个性。

其次，要懂得和谐的搭配。不同风格的衣服应与符合它气质的不同鞋子、饰物甚至香水来搭配。衣不在贵，和谐就能创造出一个美妙优雅的世界。

另外，还要擅用色彩。比如，鲜艳的衣饰相比于暗色，就更能提高肤色的亮度，同时也能渲染气氛，愉悦心情。只要选择适合自己的色系，就能穿出属于你自己的特色。

花瓶美女不能做，潦草女人要不得

很多女人可能除了结婚那天就再也没有化过妆，看起来似乎永远那么不修边幅。事实上，女人的容貌很容易随着岁月而消损，只有少数女人从不潦草，永远保持光鲜、精致、优雅的仪态。

年轻的时候，你也许不会感觉到潦草的女人和精致的女人之间到底有多大差别，因为那时的你即使偶尔不修边幅，也洋溢着青春之美。可人一旦步入中年，一切将会大不一样。这也是我们为什么经常在很多地方看到，越是年纪大的女人，打扮得越精细。反倒是那些年轻的女人们，常常是走到哪里都穿一身牛仔裤、运动鞋，一副素面朝天的样子。

在我小的时候，女人是必须化妆的，以此来表示对他人的尊重。如果哪天你素面朝天地和别人见面，对方多半会认为这是你对他的不敬。当然，时过境迁，现在很少有人会这样想了，化妆与否要取决于她所处的场合：在办公、商谈、约会的时候，化妆可以让你看起来精神焕发，引起他人足够的注意；而在另一些如度假、休闲、运动的场合，你大可以最真实的面目示人，让肌肤得到自由的呼吸。

其实，不管是在哪种场合，有一点是最为重要的，那就是不要做一个潦草的女人，你的任何一种打扮都要符合你当下的情形。这样，才不会让你为自己的外表感到不安。不管是在家里还是在办公室，如果你的穿着看起来是和谐的，那你的一切都将是无懈可击的。

几年前，我曾看到过赛珍珠的一篇文章，其中她谈到自己的写作生活。除了每天非常有规律地生活之外，让人感到意外的是，每天起床后她都要认真地梳洗打扮，化上淡妆，然后才走进书房开始写作。虽然一整天里除了吃饭之外她几乎无人可见，虽然一整天她都面对冰冷的稿纸，但她一样要认真地为自己化妆。

在这一点上，如今可能大部分女人已经做不到了。上班族出于职业的要求，每天能够穿着光鲜地出门。但是想在日常生活中保持同样的精致度，那可不是一件容易做到的事。

就我所知，有些在家工作的女人由于不用外出上班，穿着非常随便、马虎，脚上一整天都穿着拖鞋，就连衣服也是抓到哪件穿哪件。她们的家里也十分混乱，物件东摆西放，可能一星期都不会清理一次冰箱里的食物。

女士们，我要提醒你们的是，如果你的丈夫看到在家工作的太太三天都穿着同一件衣服，桌上一整天摆满各种东西，他很可能建议你重新去当上班族。因为至少那时候，他每天能看到一个衣着鲜亮，精心修饰的太太。

要知道，潦草的女人不会得到任何一个男人的喜爱。如果你对自己都马马虎虎，又怎么能给家人很好的照顾，将自己的家营造成一个温馨的港湾呢?

有些女人，即使她们穿的是普通休闲装，也能搭配得非常得体，让人看起来很舒服。她们的优雅与自信能感染她们身边的每一个人，人们能从她们身上感到一种来自心灵深处的笃定与成熟，不知不觉中就会被她们所吸引。这种气质是无形的，却能让你真切地感受到它的存在。

气质不是一天两天塑造出来的，可它会伴随你的一生。它能让一个不再年轻的女人仍然散发出迷人的魅力。就像法国著名女作家杜拉斯的名著《情人》里的女主人公，即使面色衰老，也仍然能让爱她的人为她着迷。这可能就是所谓的气质的力量。也许你18岁的时候还感觉不到它的神奇，可随着时间的流逝，这种神奇的魔力就会愈发显现出来。

试想，不管是男人还是女人，谁又愿意与一个毫无魅力、生活潦草的女人相处呢？看看那些能够在现代社会中活跃的美女精英们，纵使她们不再有让男人惊艳的容貌，也会凭借自身独特的魅力让人过目不忘。

女士们，如果你想让自己永葆魅力的话，就一定不要对自己太马虎。做一个潦草的女人是最不可取的，因为那将会令你的青春大打折扣。

脸红嘴笑，低头成小芳

女士们，当有一天你在茫茫人海中遇见了那个期待已久的他时，你该做些什么去打动他、吸引他呢？女性吸引异性或者说能够征服男性的资本，可以用两个字来概括：魅力。从心理学的角度来看，能够有效吸引男性视线的，除了美丽的梳妆打扮和显露出的性感外表外，女性和男性的交往过程中最大的魅力之源是羞怯。

有人会认为，女性的羞怯就是扭扭捏捏、羞羞答答，哪里称得上美？其实，这是因为对人心理的不了解才这样说。羞怯对于男子来说，是缺乏男子汉阳刚之气的表现，但对女子来说，羞怯则是亲昵娇美之态。

有人也许会这样想：只有少女才可以配得上“害羞”二字。比如，男女二人初次见面，女方目光羞怯，表情腼腆，一般来讲这会让男人觉得很正常。但如果女方初次见面就过于淡定，男人反倒会觉得对方是情场老手，不像是少女了。那么这样说来，是不是女人为人妻后，就不能羞涩了呢？

古希腊神话中，有这样一则故事：众神之王宙斯爱上了斯巴达王后利达。宙斯化身为天鹅来到利达面前，引起了她的注意。后来，利达和宙斯生下了一男一女。这桩人神之间的风流韵事，曾经被文艺复兴时期的三位意大利画家所利用，于是三幅题材相同而风格迥异的绘画作品就出现在了人们面前。米开朗琪罗笔下的利达魁伟而严肃；高雷琪奥画中的利达放纵而销魂；还有一位画家，他笔下的利达却与其余二位相差甚远——达·芬奇将利达塑造成一个眼帘低垂、不胜羞涩的少女，被天鹅用翅膀搂着，她含羞的表情与人体姿态构成的优美曲线，给作品带来一种典雅细腻之美。

可以说，羞怯之美是女性与生俱来的一种情态，同时也是女性对自我的一种情感防御。正如康德所说："羞怯可以抑制放纵的欲望，是大自然的某种秘密：它顺乎自然的召唤，但永远同善良、德行和谐一致，即使太过分的时候也仍然如此。"

不得不说，羞怯是女性获得异性青睐的法宝之一。往往，年轻的男子会对毫无顾忌与人谈情说爱的女性产生不信任感。正如一名比利时男青年所说："对于我来说，最不愉快的事情就是感觉自已被女人追逐或知道有一个女人想钓住你的时候。"所以，一名女性若无羞怯感，那与男性的区别就不大了，她的女性魅力自然也会随之减弱甚至消失了。

几乎没有人能把爱情和婚姻这对复杂的问题说清楚，正如一位社会学家所言："如果我们同时要求妇女健康、充满活力，含蓄和贞洁，这无异于说，要她们既热情又冷淡。"由此我们可以总结出，活力应该在特定的场合下表现出来，而在另一些场合时，石榴裙下的贞洁、羞涩又是不可或缺的。妻子在丈夫眼中是否能保持足够的魅力，其中一个不可忽视的关键因素就在于，是否能把握好羞涩的尺度和场合。

生活中，如果与人初次相见，或遇到一些不好开口的事情，不妨来些“羞怯”。有的女性一旦结了婚就把羞怯丢到了一边。女士们，你们身边是不是常常有这样的情况：老同学聚会若干年后再相见，发现以前那个腼腆害羞的女孩突然变得毫无顾忌，大声说笑、手舞足蹈，问及原因时她往往会说：“都是做妈妈的人了，还有什么不好意思的。”要知道，害羞虽然是少女不成熟的表现，但这并不等于说丢弃了羞怯就代表着成熟。

我所说的羞怯之美，当然不仅仅限于爱情。心理学家沃伦·琼斯经过研究得出结论，他认为善于表现出羞怯情态的人，往往让人觉得诚实可靠。这会让更多的人选择和他成为知心朋友，或是选择他作为工作中的搭档。这样看来，羞怯之态还是一种社交优势。

我有个叫蓓姬的女性朋友，她与人说话时声音总是轻声细语，甚至还未张口脸就微微发红了，是一个较为典型的害羞之人。按照人们一般的说法，像蓓姬这样的女孩是怎么也不可能在交际活动中成为中心人物的。然而，事实却正好相反，几乎每天晚上她的房间里都会传出欢歌笑语，而且和她甚为要好的朋友都是些有见识、有教养之人。有些人会问：为什么会这样呢？正如她朋友所说：蓓姬是一个聪明、有思想、谦虚务实，懂得礼貌的人，这样的人值得信赖。

羞涩的女人之所以能给人一种值得信赖的感觉，具体原因在于，她们大都懂得自尊自爱，谦虚憨厚，从不说东道西。不像有些夸夸其谈的人，给人一种虚荣浮夸的感觉。羞怯之美在社交场合中还体现为，喜爱倾听，尊重他人，让人有舒适亲和之感。她们在跟别人说话时大都专心致志地认真倾听，给人足够的尊重。这样一来，对方自然愿意与之诚心相交，吐露肺腑，从而加深双方的友谊。

自然流露出来的羞怯才是最美的，并且要把握好表现这种情态的时机、场合和分寸。装腔作势会让人感觉很别扭，不分时机、场合和分寸的扭扭捏捏也会令人反感。有些夫妻之间存有矛盾，就是因为丈夫感到妻子的害羞之态过于生硬，影响了他表达爱慕的情绪。时间长了，夫妻之间自然会有冷冰冰的感觉，减少了亲昵的欲望和企盼。

深呼吸，别用别人的错误惩罚自己

在自然界，小狗往往能够讨人喜欢，因为它们见到人们的时候总是欢欣雀跃、活蹦乱跳的样子，所以我们自然也愿意看到它们。同样，微笑也会给人一种非常友善、温暖亲和的感觉，就好像你在同对方说："我喜欢你，你令我非常开心，很高兴能见到你。"生活中，那些面无表情的女人，无论如何也不能让人们把她和美丽联系起来。

你是否也曾经去过医院的候诊室，那个满眼都是等得不耐烦的阴郁面孔的地方？我从密西西比州瑞镇的兽医斯蒂芬·史普罗医生那里听到过这样一件事：

有一年春天，史普罗医生的候诊室里挤满了人，他们都在前来给自己的宠物接种疫苗的。整个候诊室里非常安静，每个人都是坐在那里，一副不耐烦的样子，只等着叫号，互相之间都不说话。

这时，只见一位年轻的女士抱着一个还是婴儿的小女童，和一只小猫从门口走进来。她在一位先生旁边的空位上坐下，而身旁这位先生正为长时间的等候而烦躁不安。接下来，有意思的一幕发生了：这位先生不经意地朝旁边一看，正好发现小女婴注视着自己，并且露出了天真无邪的微笑。或许是孩子的微笑感染了他，这位先生随即也冲着小婴儿微笑，然后他与婴儿的母亲开始聊天。很快，整个候诊室的人都开始说话了，气氛一下变得活跃起来。

婴儿的微笑之所以能打动人心，是因为它很真实。那些非真心的微笑是骗不了人的，机械与虚假的微笑只会让人觉得讨厌。有一种微笑在人际交往中是极具价值的，那就是发自内心的，能真正暖人心房的微笑。

关于微笑，密歇根大学心理学教授詹姆斯·麦康奈尔说了一些看法："喜欢微笑的人，在许多方面都更容易成功，无论是从事管理、教育还是推销。与此同时，他们教育出来的孩子的性格也更乐观。因为，笑容比愁容更能传情达意，鼓励比惩罚更能给人力量。"

我记得纽约一家百货公司的人事经理对我说过，她宁愿选择一位只有小学文化却面带微笑的人来工作，也不愿意雇佣一位满面愁容的哲学博士。

我曾经组织过一项活动，邀请了数千名商业人士来参加。活动的内容是，在一个星期之内，他们每天都要面带微笑。一个星期之后，我让他们谈谈，这样做给他们的生活带来什么变化。来自纽约的股票经纪人威廉·斯坦哈特给我写了一封信，说了他的情况：

"在我将近18年的婚姻生活中，每天从起床收拾好，准备出门，到晚上回家上床睡觉，我很少对妻子微笑，只是有事的时候对她说上一两句话。连我自己也不得不承认，我是那些行走在百老汇大街上脾气最坏的一个人。

“戴尔先生，当我接受了你的邀请，加入‘微笑行动’以后，我当时想或许自己可以试一试。于是，第二天早上，当我再次看到镜子里那副熟悉的阴郁面孔时，我对自己说：‘比尔，你今天必须改变脸上的表情，必须面带微笑，而且必须从现在就开始。’随后，我坐在餐桌前准备吃早饭。当妻子也走过来时，我面带微笑地向她打了声招呼：‘亲爱的，早上好！’

“当然，在这之前你已经提醒过我，她听到这样的话可能会非常意外，但她的反应还是出乎我的意料。她看上去惊讶不已，更重要的是，当我告诉她接下来每天都可以看到我的笑容时，她简直惊呆了！意想不到的改变就在不知不觉中发生了：这两个月中我们家的欢乐，要比去年一整年得到的欢乐还多。

“现在，我每天乘坐电梯的时候，都会对电梯员微笑着打招呼；在地铁售票处换零钱的时候，我也会对售票员微笑；在交易大厅里面，遇到那些从未见过我笑的人，我也开始变得大度起来，不再吝啬微笑。我试着跟那些喜欢抱怨、爱发脾气的人微笑，温和地听他们说话……我发现这真是太奇妙了，因为这样很容易就把问题解决了。而且，周围的人也开始对我报以微笑，我每天都能收获许多微笑带来的财富。

“现在，我逐渐改掉了以前很多不好的习惯，这些做法也真的改变了我的生活：用欣赏和赞美代替批评和指责；开始尝试站在他人的角度看待问题，而非只考虑自己的需要。我甚至能感觉到，自己完全变了一个人，变成了一个更快乐、更充实，且富于友情和快乐的人。”

威廉·斯坦哈特并不是个案，还有许多人都表示，微笑给他们的生活带来了巨大的变化。从他们的经历中，你应该能看出微笑的重要性。它使陌生人更容易与你亲近，成为开启你幸福之门的一把钥匙，成为你走上柳暗花明之境的一盏明灯。

喜悦是伴随着幸福而产生的，而幸福又会因为微笑而得来的。无论身处何地，你都要以愉快的心情和真诚的微笑去对待身边的每一个人。一个人若是神采飞扬、笑容灿烂，那么他肯定能赢得周围人的好感、同情和信赖。

一位诗人写过这样一句诗：“我最喜欢的一朵花是开在别人脸上的。”微笑就是盛开在脸上的花，是人们心中温暖的太阳，是献给爱人最为珍贵的礼物。微笑对于大多数人来说虽然是一件容易的事，但它却能照亮所有看到它的人，像穿过乌云的阳光，带给人们温暖。

来点儿幽默吧，秀出你的小虎牙

各位女士，我知道你们都有一个共同的愿望，那就是希望在人际交往中给别人留下一个好印象。那么接下来我要说的，就是实现它的最好方法之一：幽默。

无论是到别人家做客，还是你作为主人招待亲朋，你都可以充分利用幽默的力量。一个看起来健康快乐、满脸笑容的女人，肯定比一个一脸怒气或是郁郁寡欢的女人要美丽，也更受欢迎。

有些女士不怎么重视幽默感，因为她们认为它既不会让人的身高变高，也不能帮人减掉多余的赘肉；也许她们还会说，幽默感又不能帮你工作，不能帮你结账，更不会让别人对你一见钟情。但是我要告诉你们的是，幽默感确实有它不可言说的力量，它可以为你增添无尽的吸引力。

一个深谙幽默之道的女人，总能轻松随意地面对生活，坦然地接受自己的身高、体重和样貌。在幽默感的作用下，那些曾经给自己带来烦恼的事情，也会慢慢变得不那么令人讨厌。你会从另一个角度去看待生活，然后发现它并不像你想象中的那样糟糕，那样令人难以忍受。

也许，在短时间内获得他人的喜欢并不是一件容易的事，但当你把所有人逗得开怀大笑的时候，你会很容易获得友情，甚至，和你只有一面之缘的人都能成为你的好朋友。这就是幽默的力量。如果你有办法让你的邻居喜欢你，那么你就有可能让周围的所有人都喜欢你，甚至让全世界的人都喜欢你。

不管是严寒酷暑，还是干燥多风，有关天气的笑话总能让人们一扫阴霾，精神抖擞。比如："天气预报上说今早会有大雾，果然我早上出门时，就看到邻居们在大雾里挣扎徘徊呢。""办公室里冷透了，每个地方都像结了冰一样，桌椅只好都装上防滑链了。"

用轻松的心情来生活，用幽默的方法化解尴尬。这样的话，惹人心烦的小事很快就会被遗忘，有些压力往往也能消弭于无形之中。与此同时，你的幽默与快乐也能传染给周围的人，让他们和你一样轻松地面对生活。这样的魅力对于女人而言，可以说是一生的财富。

我认识纽约一家时装公司的老板，他曾经告诉我，客人发出的最好听的声音，就是他们的笑声。事实上，就跟优雅的言行一样，幽默感可以让我们在社交中从容自如。

几个月前，我参加了一个朋友的聚会。席间，一个不怎么会唱歌的女人坚持要唱《我的肯塔基老家》。唱完之后，一位年老的客人竟然潸然泪下。女主人十分同情地问他："您是肯塔基人吗？"这位老人说道："不是，我是个音乐家。"

下面这则故事中的女孩，很好地利用了幽默，把难堪的场面转为融洽，这恰好证实了我的说法：

一个年轻女孩，初次到未婚夫家里做客，她很想给未来的家人留下一个完美的印象。于是，她面带微笑地走进了房间。但是她一不小心，竟然把放在地上的一盏座灯给踢翻了，灯又碰翻了小桌子，结果她正好摔在了小桌子上，看起来十分狼狈。大家正尴尬呢，女孩马上跳起来，笑着说："看，我还会表演杂技呢！"

她略带自嘲似的幽默话语不仅扭转了尴尬的气氛，还表现出了她的自信和乐观，结果自然如她所愿，给未婚夫的家人留下了很好的印象。所以说，用幽默的方式来处理突发事件，比动辄就小题大做要好得多。

另外，我要高兴地告诉各位女士，幽默感像其他技巧一样，是可以通过一些方法来培养、提高的。以下这些建议可以作为你的参考：

建一个小小的收藏盒，把有趣的卡通书、笑话，还有你喜欢的喜剧电影全都收集起来；在你看得见的地方，贴上一些有趣的东西，这样的话，你就能在每次看到这些东西时笑出来；你还可以回忆自己做过的事，把它们写成一些有趣的轶事。

各位女士，自然并自信地表达出你的幽默感吧！它是你人格魅力的重要组成部分，会让你的魅力与日俱增。

健康很“自私”，你不爱它，它也不会爱你

欧洲有句谚语：“不要用珍宝装饰自己，而要用健康武装身体。”

现代快节奏和高压力的紧张生活，常常让女人们感到疲惫，甚至力不从心。然而，身体上产生的疾病，并不仅仅全是因为疲劳，更多的是由心理压力导致的。对于这一点，我也十分认同，纯粹因为由生理因素引起的疲劳确实是非常少见的。

没有健康，就没有魅力。健康让女人显示出一种由内而外的美，它是人最基本也是最不可或缺的东西。所以，对于现代女性而言，无论是出于对美的追求，还是出于对自身的关爱，都必须重视健康的问题，决不可掉以轻心。试想，谁愿意每天面对一个无精打采、愁眉苦脸的女人呢？病怏怏的美丽女人早已经跟不上时代的审美，得不到世人的认可了。唯有健康才有美丽。如果没有健康，就算再天生丽质，面容上也会暗淡无光，无法吸引人。

玛利亚的故事足以引起女士们的重视了：35岁的玛利亚从医院出来，一边走在回家的路上，一边回想着医生对她说的话，欲哭无泪。

“女士，您要有心理准备，恐怕您以后不能再怀孕了。”玛利亚简直不敢相信自己的耳朵，她瞬间感到眼前一阵漆黑，差点晕倒在地。“由于您流产次数过多，导致子宫内膜严重受损，再加上平时您过度劳累和过量吸烟，即使有可能再怀孕，胎儿也是畸形的。”

眼前这个身材高挑、美丽优雅的女人，虽然已经年过三十，但在外人的眼中，她依然拥有成熟女人那种特有的风韵。然而，这些年来，她像男人一样在职场上打拼，她内心深处的苦楚，又有几个人知道呢?

玛利亚是一家广告公司的经理，为了创作出更多具有竞争力的优秀作品，她的神经几乎每天都高度绷紧着，加班熬夜成了家常便饭。苦思冥想或困倦疲怠时，玛利亚就一根接一根地抽烟，一杯接一杯地喝咖啡，以使自己的头脑时刻保持清醒。与客户接洽时，觥筹交错更是避免不了的，三天两头的应酬让玛利亚身心疲惫，根本无暇顾及自己的身体。每天早上起床后，玛利亚都要花近一个小时的时间来“武装”自己的脸：抹上厚厚的脂粉，化一个精致的妆，对镜子里的自己微笑一下，然后才敢自信满满地出门。

玛利亚和丈夫是大学同学，两人当年毕业后就欢欢喜喜地结婚了。至今十二年的婚姻生活中，玛利亚曾怀孕四次，但都因为工作太忙，最终只得忍痛进行了人工流产。最近一段时间，玛利亚愈发感觉自己的身体不舒服，到医院检查才知，自己的身体竟然羸弱到这样的地步！玛利亚从医院回家的路上一直在想：“这个晴天霹雳，我要怎么对马克说呢？”

到家后，玛利亚硬着头皮把这个坏消息告诉了丈夫，马克心疼地把她抱入怀中。这么多年来，玛利亚最大的幸运就是嫁给了马克。

可以说，若没有马克，就没有现在事业成功的玛利亚。

马克决定，带着玛利亚去世界上最好的医院治疗，彻底远离忙碌而“糟糕”的生活，全身心地进行调养，让她的身体慢慢恢复健康。在治疗的过程中，玛利亚和丈夫经常到大自然中去散心。彻底的身心放松让她的心情愉快了许多，玛利亚恢复得比她自己想得还要快。更让人惊喜的是，玛利亚再次怀孕了，到医院检查后，胎儿一切正常。

这时的玛利亚微笑着对马克说：“上帝只不过跟我们开了一个大玩笑。”其实，哪里是上帝跟玛利亚开了一个玩笑，命运是掌握在自己手中的，是玛利亚自己跟自己开了一个玩笑。也只有靠她自己，才能恢复健康，去创造美好的生活。

很多女性在追求美丽和成功的时候很容易忽略自己的健康，让身体处于亚健康状态甚至是疾病的困扰当中。在日常生活中，每一位女性朋友都应该学会关心、爱惜自己的身体，通过合理的饮食、良好的生活规律让自己既健康又美丽。

首先，女人要学会关心自己的身体，重视身体上的每一点变化。有的女人只会把大量的时间花费在穿衣打扮上，有的女人全部心思都在丈夫孩子身上，还有的女人一心只扑在工作上——她们唯独对自己亚健康的身体状态浑然不知。所以，女士们，当你发现自己开始出现精力减退、情绪低落、心情烦躁、头痛失眠、注意力不集中等症状时，就应该及时到医院去咨询或者治疗。

第二，女人要懂得爱惜自己的身体。在风云多变的现代社会中，女性朋友们时而会遇到一些挫折和打击，这时有的女人习惯借酒浇愁。或者在商业洽谈时，总是有太多的应酬需要参加，过度饮酒，结果出现肠胃系统的疾病。还有一些女性因为时髦而抽烟，哪里知道烟草对女性是百害而无一利的。据统计，吸烟女性的心脏病发病率比正常人的高出10倍，而绝经期通常会比不抽烟者提前1至3年；吸烟孕妇生下畸形儿的概率是不吸烟者的2.5倍；青年女性吸烟还会抑制面部血液循环，加速容颜衰老。

最后，保持合理的饮食和适当的运动也是必不可少的。饮食一定要适量，切忌暴饮暴食。同时，应该注意营养均衡，注重食物的搭配，不能挑食。可以多吃一些奶制品和豆制品，使身体能保持足够的钙。除此之外，每天饮食中的必备品还有蔬菜和水果。但也不能光吃素不吃肉，反之亦不可。当然，要尽量避免吃过多的高脂肪食品。另外就是要养成科学的饮食习惯，按时吃饭，早餐吃得有营养，午餐吃得丰盛，晚餐吃得清淡。

在合理饮食的同时，我也要提醒女性朋友们注意，千万不要忘了进行适当的运动。选择几项自己喜欢的运动，即使不能每天都做，至少也要每周锻炼三次。

身体和心理的双向健康才是真正的美丽，它能使人充满活力。若能一直保持健康的身心，相信无论何时何地，你都会是一个美丽动人的女子，脸上都会洋溢出幸福的微笑。

Chapter2 丑小鸭也能变天鹅，社交女皇言语身形都漂亮

优雅就是一朵花，有了它，别的就不必愁了；如果没有它，不管你有什么，都无足轻重。它是一种内在美，对自己和他人的真诚关心是它的魅力之源。

——戴尔·卡耐基

有形的妆化在脸上，无形的妆化在心里

曾经有人做过一项调查，题目是：什么样的女人最富有魅力？答案有很多，比如妩媚的，性感的，风情的……可到最后统计时发现，多数人都认为，优雅的女人最美。

魅力可以依靠外在的装扮来获得，但那不是持久的。真正不朽的内涵需要的是神韵和情致的积累。女人的魅力，凸显着她的内在智慧：对自身的一种定位，对生存状态的洞察和分析，对人生的透彻领悟。对于一位女士而言，优雅的气质，永远比漂亮的脸蛋要重要得多。

当我走在巴黎的大街上，我发现每一个法国女人都散发着惊艳的风韵之美。如果你到过巴黎，我想你一定也会有同样的感受。那时，你会奇怪地发现，她们的模样或许并不是最富有吸引力的，但奇怪的是你不再关注她们的脸，真正触动你的，是她们的发型、身条、服饰，还有那优雅端庄的步态，迷人的举止，和那淡淡的香味。

优雅的风度能够给人留下深刻的印象，那股无形却有力的气场，吸引着周围的每个人。一个女人可以没有华丽的衣装，也可以没有漂亮的脸蛋，甚至可以没有仪态万千的资本，可她一定要有优雅的气质。要知道，当她具备了优雅的气质，她就等于拥有了迷人的、持久的魅力，这绝不是一个人的容姿所能比拟的。

女人的气质神韵之美，不是靠外表打造的，而是质朴的心灵的外在表现。质朴是一种客观的态度，它代表着人们能够清醒地认识自己。质朴的女人，总是能够恰到好处地选择适合自己的衣装，给人带来美好的感受，而不会试图借助谁的影子来炫耀自己，美化自己。她就是自己，独一无二。她们的气质之美，不需要伪装和掩盖。

真挚，是女人的一种生活态度，涵盖着真实、诚实和踏实的品性。她们对人、对事从不虚伪，也不斤斤计较，付出的永远是真诚和信任。真挚的女人，对自己的气质不会遮遮掩掩，对别人的美丽从来不嫉妒，更不会诋毁。

优雅的气质，需要有强大而饱满的内在作为支撑。渊博的知识，风趣的语言，温和的气场，得体的装扮，优雅的举止，这些都能够体现一个女人的良好素质。可是，要能够游刃有余地运用语言，还必须在智能上下功夫。当你变得更为敏捷、灵活、且具备了独创性和批判性时，你在知觉、表象、记忆、思维等方面的能力也会得到相应地提高。如此一来，再加上丰富的内涵，优雅的气质就自然而然地形成了。

一般来说，优雅的女人都有着一些共性：

自信。自信的女人是最美的、最优秀的。做什么不一定要大张旗鼓地炫耀，那样的话反倒让人觉得不谦虚。聪明的女人，一直都是在夸别人。她们把自己做的好事放在心里，把自信写在脸上。

温和。微笑是最好的名片，会给人留下难以磨灭的好印象。这也是我在前面讲到的。最重要的是，你的眼睛，在听别人讲话时或者跟别人讲话时，一定要正视人家的眼睛，不要左顾右盼。要知道，女人的眼睛可以泄露她的心。

关于培养优雅气质的要点，我在后面还会逐一介绍。在这里，只是想告诉所有女士，生活中，成为优雅的女人是做女人的最高境界。她那由内而外散发出的情致神韵，足以迷住身边的每一个人。她的气质吸引的不仅是男人，也同样吸引女人。

高端得体上档次，做自己的气场女皇

不少女性朋友不惜花费大量的金钱和精力去买一些昂贵的首饰、化妆品、漂亮的衣服，以此来精心装扮自己的外表。这些外在的修饰也许会增加女性的美丽，却并非一定能给女人带来优雅的气质。

优雅和金钱之间绝不是等同的关系，用金钱是买不来所有的优雅的。优雅也并不完全就是美丽——美丽的女人不一定优雅，但优雅的女人一定会美丽。实际上，真正能体现女性内在气质的，是那些在举手投足之间自然而然流露出的细节，而这往往是被女士们所忽略的。

芝加哥大学心理学院教授卢克斯·托勒说："很多人都有一个错误的观念，认为内在美和外在美没什么关系。实际上，两者是紧密联系在一起的。很多时候，人们完全可以通过外在的接触来感觉到对方的内在美。尤其是女人，如果她们想让自己充满魅力，外在的表现形式是非常重要的。当然，这不仅仅限于化妆和穿衣，更重要的是平时的一举一动。"

卢克斯教授的话，对于女人来说是非常有用的。他告诉我们，女人的魅力和气质完全可以在举手投足、一颦一笑中淋漓尽致地表现出来，这就要求女人要有良好的举止修养和大方优雅的仪态。

女人优雅的气质离不开优美的举止。优雅的女人有韵味，这是漂亮女人无法企及的。她们的美是骨子里的，是不经意间从仪容神态的细节中流露出来的。那种轻松的、自然的、宽容的、简朴的、淡泊的气质，让人感到很舒服。而且，优雅的举止不仅是女性个人魅力和修养的展现，也是搞好人际关系的先决条件。

有一家商务礼仪培训班，专门帮助女人培养优雅的气质，从而让她们拥有良好的人际关系，找到自己称心如意的工作或白马王子。

这天，一位高个子女士风风火火地闯进培训班主管科尔先生的办公室，大声地抱怨说："科尔先生，我急需您的帮助！"

这位女士丝毫没有顾忌到科尔正在和另一位女士谈话，毫不客气地把椅子拉过来，一屁股坐在上面，开口说道："科尔先生，我没有打扰到您吧，不过我真的是烦极了。"

科尔微笑地看着她说："没关系，请问我有什么可以效劳的吗？"

"当然了，我早就听说过您的大名，除了您，我想没有其他人能够帮到我了。"女士一边表情夸张地说着，一边用手在空中比划。

"那么，是什么困扰着您呢？我尽力而为。"

"是这样的，从去年大学毕业到现在，我一直在应聘文秘工作。可奇怪的是，这些公司不是直接拒绝了我，就是在试用期间辞退了我。我不知道自己哪里做得不好，是我长得不够漂亮吗？您知道，文秘小姐大多是很漂亮的。真不明白这到底是怎么回事！"女士一股脑儿地把这一年的烦恼全倒了出来，科尔就一直那样面带微笑地听着。

在说话的过程中，科尔暗中观察到这位女士眼神游离，与人对话时不是表情很夸张，就是手舞足蹈。她的身子一直歪靠在椅子里，不时弄弄头发、摸摸耳朵。更让科尔哭笑不得的是，她说到一半，突然做出挖耳朵的动作来。

“您不是长得不够漂亮。相反您的眼睛很美丽，身材也修长苗条，做模特都不成问题。”

“那为什么我得不到这份工作？实际上，关于文秘的事情我都会做，打字、处理文件，这对于我来说都很简单。”

“我想恐怕是您气质的问题吧。您知道气质是什么吗？”

“这还从来没有人和我讲过，我……我还真不清楚……”女士开始吞吞吐吐，突然她又大叫起来，“先生，您怎么能这样？”

原来，科尔一边在和对面这位女士说话，一边把脚放到了桌子上，而且时不时地伸出食指去挖鼻孔。

“天啊，您怎么会这样？我还以为您是一个很绅士的人，现在我想自己找错人了。”说完，女士就要起身离开。

“请等一等，女士。”科尔这时恢复了原状，面带笑容，“我为自己刚才的动作向您道歉。”女士听完又坐下来。科尔继续说：“我知道，刚才的样子的确很令人厌恶，但我想问的是，假如我刚才是在应聘文秘，女士您觉得我能被录取吗？”

“开什么玩笑，您刚才的样子简直让人无法忍受，当然不能录取您了。”

“很好，女士，谢谢您能说实话。不过，很遗憾，我这些动作都是刚刚跟您学到的。”

听科尔这么一说，女士的脸刷一下变得通红，慢慢低下头不敢再看科尔，久久没说话。

几个月后，这位女士又一次来到科尔先生的办公室，这次她是专程来感谢科尔的。眼前的她简直就像换了一个人，不仅举止优雅，而且谈吐还很幽默。原来，从那次找过科尔先生后，她就去报了一个形体礼仪培训班。如今她已是一家知名外企公司的总经理秘书，月收入也相当可观。

通过这位女士的经历，我们足以得出这样的结论：要使对方尊重和信赖你，首先要注意自己的言谈举止。这是给人良好形象的前提，也是你走向成功的催化剂。

一个举止优雅的女人连微笑、握手、介绍、交谈这些看似简单的自然之举都能让人领略到她的行为魅力，感受到她从内而外的气质。这种优雅和修养并非天生，而是在日常的举手投足中逐渐培养起来的。当然，女士们，你也可以去报一些礼仪和形体的培训班，让自己变成一个气质优雅的女人，从而让周围人喜欢你、爱慕你。

无辜的女人让人心疼，无知的女人令人鄙薄

几年前，有一位男士就曾对我说："我绝对无法容忍那些行为粗鲁的女士，遇到这样的人，我通常都是敬而远之。"的确，这位先生说的话很对。在众人心目中，温婉优雅、彬彬有礼的形象才符合女性的仪态。如果她言行粗鲁、一点礼仪不懂，即使长得再美丽，也会让大家避之不及的。

不久前，我去参加了一个非常隆重的晚宴，是我的一位政界要员朋友举办的。可想而知，与会人士大多是一些有身份、有地位的人。

当天晚宴上，所有人的目光都被一位年轻的女士所吸引。当然，一方面是因为她长得的确非常漂亮，另一方面，则因为她的"与众不同"。

女士们，我想你们一定是非常清楚，在这样比较隆重的场合，应该穿戴得比较正式才对。那天晚上，我特意准备了一身考究的西服，打了领带，生怕在宴会上被人笑话。但是那位年轻女士的装扮却让所有人大跌眼镜：她上身穿了一件吊带衬衫，下身则是一件超短裙，所有人都用异样的眼神看着她。

除了装扮上的不合时宜，这位年轻的女士在宴席上的礼仪也很失礼：她在宴会上拿着食物四处乱走，凡是遇到年轻的男士，都要和对方喝上一杯，结果喝得酩酊大醉。她的开放也让人感到难堪，有好几次，她在喝酒的时候都倒在了男士的怀里，让对方非常尴尬。到最后，因为喝得太多，她竟然在宴会席上呕吐起来。一些好心人劝她离席休息，可她就是不肯，以至于在场的所有人都被这位女士搅扰得没有了兴致。

这位年轻的女士虽然容貌很美丽，但是她会赢得大家的青睐吗？当然不会，因为她完全不懂得基本的社交礼仪，让自己在宴会上一再失态。当我向一位老先生敬酒的时候，我就听到那位老先生小声地说："怎么能这样，简直太不像话了！"

要想让自己的仪态显示出优雅的气质，各位女士，你们除了重视自己的衣着打扮外，还要做到知礼晓仪。可以说，一个女人的礼仪修养体现着她的文化乃至道德水平。一个知晓礼仪的女性会得到大家的尊敬和青睐；一个常常失礼的女性，则只能给人一种没有教养的印象，让大家对她望而却步。

我和妻子桃乐丝有一次到大剧院观看演出。入场后，坐在我们后排的两位年轻女士刚一落座，便叽叽喳喳地聊个不停，丝毫不顾及别人的感受。节目开始后，她们仍然没有一点停下来的意思，而且竟然还吃起了东西。坐在她们旁边的一位老太太实在难以忍受，就很不客气地对她们说："你们能不能小点声呢？大家还在看表演呢！"没想到，那两位女士不仅没有听从老太太的劝告，而且说话声音还更大了。

后来，她们的行为引起了众怒，大家纷纷对此表现出不满，以至于大剧院的服务人员也走过来，对她们说："两位女士，请你们注意影响。"在剧院人员的警告之下，她们这才有所收敛。当表演结束散场时，大家纷纷用一种充满了厌恶与蔑视的眼光来看她们。

各位女士，追求漂亮对于女人来说当然没错，但这不应该是我们追求的终点。我们还要做到知礼晓仪，从而塑造完美的形象和人格。礼仪就好比一身隐形的华丽衣裳，一个知礼晓仪的女人不仅让人尊敬，自身的气韵、潜能以及精神状态也会得到提升。那么，怎样才能培养礼仪呢？

首先，应该注意日常生活中的各个细节，力求每一点都体现出女性优雅的气质。比如与人交谈时，你的语气一定要和蔼可亲；参加宴会时，无论是衣着还是言谈举止，都要符合宴会的礼节。这些生活中随处可见的礼节是非常琐碎的，涉及方方面面，要想有更进一步的修养，大家在平时要多看与礼仪相关的书籍。此外，要想成为一个知礼晓仪的女人，还要时刻严格要求自己，不能偷懒。

在这个日益文明的时代，礼仪是推动良好的人际关系的基础，是女人时刻充满魅力的资本。所以，各位女士，一定要做一个知礼晓仪的女人，让自己变得更加成熟、精致和优雅。

牢记小常识，赴宴更轻松

圣诞节或者亲朋好友过生日的时候，举办一场家庭宴会该是一件多么令人愉快的事情！女士们，如果你有幸接到了家宴的邀请，要记得，不管你与对方是多么亲密的朋友，都要带上一些礼物前去。通常酒或果汁以及能作为甜食的点心或者糕点，都是不错的选择。如果你能带一份自己亲手烹调的拿手菜作为佐餐菜品，就更好不过了。

关于时间的问题，你最好按照当天约定的钟点到达。如果你早到了而主人的准备工作还没有做完，那将是十分尴尬的；但如果去得太晚，以至于所有人都无法按时吃饭，那也是很失礼的。如果因为某种特殊原因而不得不晚到一些时间的话，一定要提前打电话告知主人。

如果没有什么特别的穿衣要求，普通正装加上一些装饰品，就已经可以显示出华丽而优雅的效果。对于鞋子要注意，女士们在出席宴会时一般应穿高跟鞋，但鞋不要过高；因为有一部分宴会是站着用餐的，不然脚部会很容易酸累。如果是站着用餐，应有意识地注意自己的站姿，最好能保持轻松的仪态，又不弯腰驼背。此外，皮包应用跟上班时不同的小皮包。

妆容可以说是女士们的重头戏。参加宴会时，女士们可以比平时多用一点色彩，将你的气质生动衬托出来，头上也可以使用一些发饰，让人们看到与平日工作时不一样的你。一般来讲，宴会中经常要拿着酒杯到处走动，因此手部也会格外地引人注目。如果能戴个戒指或者手链的话，不用刻意装饰，也能使你的整体装扮更加出色。

如果你是主办者之一，最好在宴会正式开始前就吃点东西，宴会上只是形式上用一点就好。不要光坐在席间用餐，避免过量饮酒，要记得自己还有招待客人的任务。

在招待宾朋方面，作为主办者之一的你，如果在宴会上见到陌生面孔时，首先应主动走近对方，表示亲切的问候。你可以礼节性的询问一下对方的近况，称赞一番她的衣服品位等。除此之外，还有一件不能忘记的事，即招呼客人用餐及宾朋间的互相介绍。切忌在宴会中从头到尾只跟一个人交谈，这是非常不礼貌的行为，因为还有其他的客人需要你去招待。

在招待客人的过程中，如果遇到比较喜好闲聊的人而无法脱身，可等到对方说完一段话后，立刻有礼貌的告知他“很抱歉，那边还有一位不能不招呼的客人”或者“今天轮到我当‘值日生’，所以有较多的事要做”。离开客人时，马上转身就走会显得你有些没礼貌，应先向后退一步，然后转身离开，这样你出众的气质会显得更加突出而动人。

如果你作为被邀宾朋，可以适当空着点肚子去赴宴，津津有味地享受餐点也是一种礼貌。用餐过程中，刀叉是西餐中最主要的用具，习惯用法是左手持叉，用叉按住食物，右手握刀，将食指按在刀背上，用刀把食物切成小块，然后把刀斜放在盘子上，腾出右手拿叉，把食物送入口中。等盘子里的小块食物吃完后，可以再用右手拿刀切割食物，反复这样进餐。女士们，需要注意的是，盘中的食物必须吃完一块再切一块，而绝不能把盘中食物都切碎后再一块接一块的叉着吃。另外，有的食物如果用叉子就可以分割，那就不一定非用刀不可。

宴会是与人交际、认识新朋的最好时机。你要尽量多和陌生人去交谈，可别从头到尾都和你熟悉的朋友粘在一块儿，一句“你好”就可以开始聊天。在此之前，你可以事先准备一些最近的热门话题，或是其他有趣的资料，这样能让你与陌生人之间的初次交谈不至于冷场。

同时，聆听对方谈一些自己的兴趣爱好也是很重要的。适时发问和热切的反应，会使对方说得更尽兴，在不自觉中就对你产生了好感。聊得差不多可以结束话题时，一句“今天和你聊天真愉快”就能既委婉又礼貌的结束话题，然后去和另一位新朋友认识。若能在宴会上交换一下名片，制造下一次见面的机会，也是很不错的。

如果你实在有事必须中途离席，作为客人，要切记不要在别人演说时离去。回去时一定要记得和主人打声招呼，但尽量不要打断别人的交谈。宴会结束几天后，专门给邀请你的人打个电话或者写张明信片表示感谢，则会让人对你更加有好感。

当然，女士们，我以上说的这些宴会中的礼节并非要照单全收、严格遵守，可以因时因事而灵活变通，但万不可“为所欲为”。

让完美的身姿为你的优雅代言

女人的美貌固然重要，但比美貌更能作为优雅气质的外在表现和依托的，是一个女人的体态，它在很大程度上影响着人的气质。

一个人的气质会被不雅的体态磨灭殆尽，相反，优雅的体态配以丰富的内涵，往往就能将一个女人的气质突显得淋漓尽致。优雅的体态能体现出一个女人的教养，同时也能充分表达出她的完美自信。美好的体态不仅决定着你的着装效果，还能让你看起来活力四射。面貌平平的女孩，就是因为有着优美的体态而倍显动人。

首先，让我们从能体现静态美感的坐姿开始说起。

优美的坐姿从刚一入座时就已展现。一个体态优雅的女人，入座时动作轻缓，一般会从椅子的左边入座；同样，起立时也会从椅子左边站起。落座后，尽量保持身姿端正，切记不要一副弯腰驼背的样子，上半身最好与桌椅保持一拳左右的距离。当然，以上所说的这些姿态都要自然地表现出来，不能过于僵硬。

其中，坐姿是否优雅，关键体现于双腿与双脚的样子。

落座时，两腿应当自然弯曲、并拢，两脚平行。另外一种腿的摆法就是，将两腿并拢斜放一侧，前后稍稍分开，也就是说如果两腿斜向左边，则右脚放在左脚之后；若两腿斜向右方，则左腿放置右腿之后。这样坐不仅可以让你的双腿看上去更加修长，而且整个人也显得更为娴雅，是穿短裙时的最佳坐姿。有一种坐姿是女士们应绝对避免的，即双腿交叉伸向前方，或一前一后呈内八字状，这样会显得非常没有修养。双手可以放置于身体的一边或膝盖之上，掌心向下相叠或两手相握。如果坐在沙发上，也可以将手轻轻搭在沙发扶手上。

在坐着与人交谈时，应将身体微微转向对方，与对话者自然平视，以显出落落大方的仪态。左顾右盼或低头看自己的脚尖，都是没有礼貌、拘谨和缺乏风度的表现。

我曾经说过："当你舒服地坐着的时候，不要降低你的身份。"气质优雅的女人无论在什么场合，都不会为了舒服而采取这样的坐姿：两腿叉开且不停抖动，脚跟翘得很高。只有在椅子太高时，你才可以跷腿而坐，具体方法是：将左腿微向右倾，右大腿放在左大腿上，两小腿相靠，脚尖朝向地面，切忌右脚尖朝天。当然，在你坐着的时候，可以不时地变换一些姿态以显得自然。但不管怎么变化，都要保持端庄挺直的坐姿，头与上身和四肢应协调配合。

下面要说到的，是如何展现出完美的站姿，以衬托出优雅的气质和风度。正确的站立姿势应该是身体自然直立，重心落在双足的后部。双肩稍向后放平，两臂自然下垂置于身体两侧。在人体结构中，脊柱是构成女性形体曲线美的根本，所以站立时应做到下腹微收，胸脯挺起，方才能显现出女性特有的曲线美。同时还要知道，重心向上会显得人精神饱满，风姿绰约；重心偏低会显得衰老懒散，无精打采。所以，在站立时，要尽量注意做到收腹收臀，提气挺腰，使身体的重心向上拔高。

女士们，倘若你既想让自己的体态显得修长苗条，又表现出柔美妩媚的风韵，则可以采取这样的站姿：身体微侧，前脚脚尖向前，后脚与前脚成45度，面部朝向正前方，挺胸直腰，双手自然下垂，腹和臀部尽量向内收缩。

女士们，我说的正确站姿不仅能使你们看起来精神饱满，更重要的是，有利于身体的健康。如果女性站立时低头含胸，不仅会影响到仪态美，而且时间长了还会对健康产生不良的影响，比如探颈、扣肩、驼背、臀部肌肉下坠、膝盖突出以及两腿过粗等后果。职业女性经常要穿着高跟鞋工作，一天之中难免会有疲惫的时候。这时你可以一腿支撑，一腿稍稍弯曲，双腿交替变换站立姿势，但上身始终要保持挺直；千万不要随意倚靠在墙上或其他什么地方，这会使你的仪态大打折扣。

要想保持优雅的体态，还有一点不可或缺的，就是优美的走路姿态。因为它会给人一种风姿绰约、婀娜多姿的感觉。有些不太注意走路姿势的女性，久而久之形成了不正确的行姿，极大地影响了她的风姿气质。女性正确的行姿应该是：抬头，挺胸，直腰，收紧腹部；腰部以上至肩部应尽量保持平稳，减少动作；肩膀尽量向后张开，双手自然放在身体两侧，轻轻摆动；两腿迈步要自然、飘逸、轻盈、匀称，落地时脚跟先着地。除此之外，柔美行姿的点睛之处还在于腰胯配合着轻微扭动，否则整个行姿就会显得十分僵硬，缺少了女人的妩媚。

穿长裙或一步裙时，不宜迈步太大，应迈碎步，以显端庄；穿牛仔裤或休闲裤时，步幅可以适当放大，显出青春活泼的气息。

除了坐姿、站姿和行姿之外，女性在日常生活中的一些常见动作，也应时刻保持体态的优美。比如，搭乘轿车时的体态是一个气质女人最应该重视的，因为有时那些穿着得体、温文娴雅的女子也会在这点上犯错误。她们或者一只脚先踏人车内，或者低头钻进车内，弯腰翘臀，然后双脚轮流跨入，如同爬行；下车也是先把头伸向车外然后整个身体再站出来，这些不雅的体态无疑破坏了她们在别人心目中美好的形象。进入轿车时，优雅的姿势应该是侧身先让臀部坐在车位上，再将双腿一起收进车里，然后双膝并拢。下车时，应将双腿先行移出，再侧身出来。

另外，气质优雅的女人在拾捡掉落地上的东西或拿取低处物品时，绝不会为了省事而把臀部向后撅起，直挺挺地弯下腰去捡；而是走近物品，屈膝单腿下蹲，臀部向下，上身保持直线，这样的仪态就不会影响到女人典雅优美的风姿了。上楼梯时，气质女人会保持身体挺直，眼睛平视正前方，绝不会低头看楼梯。而且，她的重心一般位于前面一只脚的前部，落脚很轻，以保持身体的平衡。

总而言之，无论是坐姿、站姿、行姿，抑或其他体态，以上我所说的这些要求似乎有些琐碎。但正是缘于平时对每一个细微之处的刻意培养，气质女人才逐步养成了动人心弦、仪态万千的迷人举止。

聪明女人知道，说声谢谢，只赚不赔

有一位100多岁的老太太，每天看上去都很快乐，连一位外国总统都曾称羡地问及她的长寿秘诀。老太太回答只有两点，一是要幽默，二是要感谢。

从25岁结婚后，她每天说得最多的两个字便是“谢谢”。她感谢父母，感谢丈夫，感谢儿女，感谢邻居，感谢大自然给予她的种种关怀和体贴，感谢每一个祥和、温暖、快乐的日子。她从不会忘记别人对她说过的亲切话语，为她做过的平凡小事，送给她的一张张问候的笑脸。80年过去了，老太太依然过着幸福快乐的日子。

听到这个故事后我才知道，原来，“谢谢”二字有这么大的魔力。

虽然如此，但日常生活中很多说了“谢谢”的人并没有收到期望的效果，有时甚至被误解。这又是为什么呢？原因就在于，他没有正确运用这两个字。那么，应该怎样运用，才能使“谢谢”的魔力发挥到最大呢？

首先，你确实有感谢对方的愿望时再去表达，这样才能赋予

“谢谢”感情和生命。否则，只能成为应付人的“客套话”。同时，表达感谢时还要有一定优美的体态，头部要轻轻一点，目光要注视着你要感谢的人，而且露出真诚的微笑。还要注意对方的反应，如果对方一脸茫然，你应及时用简洁的话语道出向他致谢的原因。

其次，“谢谢”要选准对象。比如你与一个人谈完话临走时，为表示感谢，你可以一边跟他握手告别，一边说“谢谢”。如果要对几个人表示谢意，那么临走时，可以挥手或拱手说：“谢谢大家”。当然，如果条件允许的话，一一同大家握手告别更能显示出你的修养。

另外，当听到他人真心诚意的赞美时，应愉快的接受并礼貌地说声“谢谢”。有些传统观念认为，接受别人的赞美是一种自傲的表现，这是不正确的。并且，不管对方的赞美诚恳度有多大，你从容的微笑总比局促的躲闪更能增加你的风度。

与人交往时，别人对你说“请”时，回赠一句最起码的“谢谢”是有修养的基本体现。若是接到别人的邀请去做客或是收到他人赠送的礼物，你更应该表示感谢。若是接到朋友的邀请去看电影或是到家里玩，但你又确实有事而无法参加的话，也应以一句“不啦，谢谢”来婉言谢绝，切忌只生硬地说个“不”字，那样会显得很不礼貌。再有，只要他人为你做了有益的事或说了有利于你的话，不管是在什么情况下，与什么人交往，作为一个优雅女人，都应该要说声“谢谢”。如果得到对方的赞扬，除了说“谢谢”外，还要说“您过奖了”或“承蒙您夸奖”之类的话以示谦恭之意。

不久前，我到堪萨斯州去办事，路上遇到一位手拿一大捆铅笔的少年。他远远地便向我走来，要求我买一支铅笔。我摇摇头表示“不要”，但没想到他态度诚恳地回答：“好吧，不过我还是谢谢你！”这让我大吃一惊，马上改变主意，从口袋里掏出钱，向他买了一支铅笔。之后我望着他离开，还没走到街头，他就已经卖掉半打铅笔了。

在表达感谢的过程中，有一点是需要特别注意的：道谢是为了表达感激之情，切不可让对方因此而感到窘迫，如果那样便违背了你的本意。这就要求你在道谢时要考虑好时间、地点和对方的个人特点。比如，对方不希望局外人知道自己帮了你，你应尊重他的意愿：若是恰巧在大庭广众之下遇见，要含蓄地表示谢意，或者小声耳语，或者可以说“我有一点儿小事想同您单独说几句”借此离开人群，找个合适的地方再坦诚相谢，甚至可以借短暂的握手之机，用热情有力的动作加上含笑的眼神来表示。

有的女士会问：感谢是不是只限于初次见面或普通朋友之间？夫妻之间需不需要这种语言呢？

有一次，艾伦去外地出差，看到许多年轻女性都穿着式样新颖、图案别致的羊毛衫，便到商店为妻子也精心挑选了一件，想回家给她一个惊喜。可是没想到的是，当出差回到家的艾伦把毛衣拿给妻子看时，她不但没有表示感谢，而且还数落艾伦不会买东西，嫌颜色太暗，图案太俗，随手就把毛衣胡乱塞到衣柜里了。顿时，艾伦十分失落，不高兴地说：“我出差在外心里还想着你，大老远给你买了这件衣服，你却连一句好听的话也没有。”妻子不以为然地说：“还用感谢吗？”

恰巧第二天是周末，妻子一大早就忙着去街上买菜，然后又照着菜谱一一加工制作。终于，经过一上午的忙碌之后，一桌色香味俱全的饭菜上桌了。艾伦打开一瓶葡萄酒，给妻子也斟了一杯。妻子边吃边试探性地问："味道怎么样？""马马虎虎，还有点儿咸。"艾伦随口答道。话音刚落，妻子的脸顿时由晴转阴，嘟着嘴，生起闷气。这时，艾伦才巧妙地提起了昨天为她买羊毛衫的事情。妻子想了想，不好意思地笑了。

如果看到艾伦买的羊毛衫，妻子能诚心说一声"真好看，谢谢你"之类的话，也不至于让艾伦心凉半截；如果艾伦品尝妻子精心烹制的饭菜时，夸赞一声"好手艺，味道真香"之类的话，也不会把妻子气得不吃饭。

女士们，要知道，夫妻之间的肌肤之亲是代替不了感情上的互相沟通。几句赞美或致谢的话便可以营造出一种融洽的气氛，从而更加增进夫妻之间的感情。

做燕尾服中的一枝白莲，迷人又动人

女士们，当你在一场宴会上，看到一位举止优雅、口吐莲花，在交际场中如鱼得水、收放自如，深受他人欢迎的女人，我相信你也一定会为她动容，并希望自己能够结识她。因此，要想做个有魅力的女人，就要学会应酬，并在应酬中表现出自己的修养与内涵，给人留下良好的印象。

生活中有很多事情，不一定都是合理的，往往是由人们长期的习惯和懒惰所致。我可以举出一些例子。比如，你到一家公司上班，明明是你自己找到的工作，可对方问起你的时候，你却要说："托您的福，我进了某公司。"明明是别人邀请你参加某个聚会，临行时你总要跟对方说一句："打扰了。"如果你不说这样的话，别人就会觉得你是一个不懂礼数的女人。

在日本的公共汽车上，售票员会对每个下车的乘客说"谢谢您"，对上来的乘客说"对不起，让您久等了"。如果国内的公共汽车售票员对客人说类似的话，对方恐怕会认为这个售票员的神经出了问题。所以，这不是合理不合理的问题，而是各个地方的生活习俗不同。聪明女人会适应这些习俗，而不是试图去打破！

成熟而优雅的女人，总能给人留下良好的“第一印象”，这是非常重要的一件事。在应酬上，若没有良好的第一印象，事后再想挽回，就很麻烦了。那么，如何给人留下良好的印象呢？对此，我有这几方面的建议：

要注意自己的着装。可能会有女士不赞同，说：“这会成为问题吗？应酬的内容才关键。”可是，你看见一个成年人穿了一条牛仔裤，你难道不会有轻佻的印象吗？你看见某人穿的长裤裤筒正中没有一条线，你不会有“不好看”的感觉吗？

你应该留意你的着装。当然，这不是说让你穿上最流行、最时尚的衣服，而是让你穿得整齐、清洁，让人感到舒适，至于衣服的新旧、质料好坏都不是问题。美国许多大公司对雇员的装扮都有“规格”。所谓“规格”，不是让他们穿昂贵或者穿指定面料的衣服，而是让他们穿出“观感”和“水准”。

参加一个规模较大的宴会时，大家可能都会有同样的想法，那就是尽量避免与陌生人同席，因为和熟人坐在一起可以有说有笑，与陌生人在一起却会有点沉闷。事实上，这是在逃避应酬。

参加陌生人的宴会时，主动与别人沟通，可以让你获得更多的朋友。在应酬学上有一句话：“主动沟通是努力学习应酬的表现。”只有想办法结识更多的人，让他们成为自己的朋友，才是应酬的最佳方式。

波拉尼格妮是一位很有见地的女人，也是一位鉴赏男士的专家，同时还是一位伟大的艺术家。有一次，她这样评价我，说我比她见过的任何男人都懂得恭维之道，而这一点几乎是被现代人遗忘了的事。她还说，这种恭维是吸引女人的一大秘诀。

一般来说，恭维的坏处多于好处。因为恭维是虚假的，就像是假币一样，如果你用它，有可能会给你惹来麻烦。赞赏和恭维不一样，赞赏是真诚的，发自内心的；恭维是不诚恳的，只是嘴皮子上说说。墨西哥城的查普特佩克宫里，屹立着一尊奥布里冈将军的半身像。那座半身像的下面刻着这样一番话："别担心攻击你的那些敌人，要担心恭维你的那些朋友。"这句话是奥布里冈将军的智慧之言。所以，在应酬中，我不太赞同恭维的做法。

我有一位朋友，有个非常不受欢迎的习惯。你今天给他介绍了一个朋友，明天他就直接去找那位朋友了，根本不告诉你，也不让三个人一起碰面。后来，朋友们调侃他这种行为，就给他起了一个绰号，叫做"直拨电话"。但凡有过这种经历的朋友，知道他这个毛病后，都不敢再给他介绍朋友认识了。因为谁也不知道，他这种"直拨"方式，什么时候会让自己遭受损失。

这个问题我希望女士们加以重视，如果你也冒险用了"直拨"的方法，万一对方不小心把事情暴露出来，你的老朋友肯定会对你心存不满。如果你想找甲帮忙，而他又是通过乙的介绍你才认识的，那么你最好先把这件事告诉乙，这样做才是理智的。说不定，乙会因为你的真诚和尊重而给予你帮助。

在这里，我着重说一下应酬时间的问题。首先，你必须要考虑到应酬的本质、目的和种类，然后加以判断，不能一概而论。目前，市内公用电话固定基本通话的时间是3分钟，这个规定不是随便制定的，而是经过深入的研究之后才做出来的。它是告诉我们，一件小事在3分钟之内，完全可以解决。当然，如果事情进展得不顺利，没有一说即合，或者需要辩论，花上一小时的功夫也有可能。可是，有一个不变的原则要铭记于心，那就是尽量缩短应酬时间，防止自己和对方产生疲劳感。

如果这些细节要素都能够为女士们所重视，并应用到应酬之中去，我相信，所有和你接触的新老朋友，都会觉得你是一个有修养、懂礼节、善解人意的女人。而这样的女人，走到哪儿都会被人们所喜欢。

Chapter3 多看多听多学，懂得越多幸福越多

教育是一个成长的过程，是一个丰富和发展自己内心世界的过程。我们要通过自我教育来填补心灵的空虚。要想提升自我，必须要努力和学习。自我教育也许当时不是一件愉快的事，甚至可能是耗神费力的工作，但是长远来看，必然会有所收获。

——戴尔·卡耐基

气质如陈年美酒，越长久越醇厚

一个思想深刻、内涵丰富的女人，身上往往集合着多种品性，比如善良、温和、浪漫、优雅等等。她们勤劳又富有智慧，如诗如花，让世界变得更加绚丽多彩。在她们身上，看不出一丝丑恶与自私，也听不到毒辣的语言，更不会让人觉得她们无知。那份天真烂漫，来自她们的心灵。

《简·爱》一书，影响了一代又一代人，主人公那份丰富的内涵，高贵的精神，自尊、自爱、自强的性格，散发着知性的魅力，深深感染着每一位读者。在她纤弱的身躯里，蕴藏着一股巨大的能量，一颗高贵的心灵让她显得那样高尚而纯洁，那份精神上的富足，和强大的人格魅力，是任何外在的装饰都无法相比的。

阴暗的童年遭遇在她身上显露无余：很小的时候父母就先后去世了，一直过着被别人嫌弃、寄人篱下的生活，还被她的表哥侮辱和毒打……她的尊严被践踏得体无完肤，但是这一切并没有将她无限的信心、坚强不屈的精神击倒。相反，在简·爱的内心深处，由苦难而升华出了一种强大而宽容的人格力量。

提升内涵，是一种无形的个性修炼，它是一个女人的内在力量。这种气质，可以是面试时的镇定自若、不卑不亢，也可以是外交谈判时的谈笑风生、有理有节，内涵渗透在生活中的方方面面，在每一件小事情上都有所体现。

各位女士，如果你想提升自己的内涵，不妨试试以下方法：

1.改掉陋习，培养良好的习惯

杜绝办事拖拉、经常使用一些消极性词句或八卦闲聊等不良习惯，养成有计划地做事，赞美别人，出门之前检查自己的仪表，经常读书，每天给自己半小时思考等这些好习惯。

2.不断放空自己，吸收更好的经验

所谓“空杯心态”，就是把自己倒空，谦虚地向他人请教。不懂就问，你会学到更多有用的知识。内涵和修养就是从不断积累的知识和经验中来。不经历风雨，怎能见彩虹？不经历坎坷，怎能有幸福？我想，各位女士都希望能够抵达幸福的终点站。所以，当你遇到困难的时候，不要一味地掉眼泪，也不要沉浸在痛苦和抱怨中难以自拔。把困难与痛苦化为经验，不断积累，把它们转化成你进步的阶梯。

3.永远保持学习进取的状态

知识的海洋浩瀚无边，我们的努力永远不能停止。你的疑问和发现自己的不足，是随着你知识的积累而增加的。你知道的越少，产生的疑问就越少；你知道的越多，产生的疑问也就越多。学习可以拓宽人的思路——学然后知不足，学习可以增长你的见识，开阔你的眼界，使你发奋图强。

4.把运动当成一种习惯

一般而言，运动能够锻炼一个人坚韧的品质和专一的意志。经常运动对人的心胸和性情都有益处，会让你开朗而不浮躁，笃定而不气馁。如果是团体性活动，则会培养人的团队合作精神。

5.培养至少一门兴趣爱好

琴、棋、书、画，无论是跳舞还是唱歌，或是其他什么，只要有益身心的事，都可能对你的内涵产生影响。

女人一定要有涵养，就像男人一定要有宽广的胸怀一样。有内涵的女人，无论是外表还是气质，都散发着一种高贵和优雅，她们不会不分场合地由着自己的性子来。良好的涵养让她们克制自己的情绪，冷静下来清醒理智地处理问题，而不是冲动地夺门而去，大吵大闹，失去本该拥有的从容。

同时，作为女人，不要在每一次付出后都希冀回报。生活中充满了许多无奈，并非所有的目标努力了就一定都能达到。偶尔对自己宽容一次，学会用理智控制情绪。因为这能在今后的生活中给你带来更大的回报。

总之，女人不能仗着自己的性别优势就不管不顾，那样反而会让别人对你失去尊敬。不断提升自己的内涵，才能更好的掌握周围的一切，从而显示出你与众不同的气质。

尖酸刻薄成巫婆，得体大方做公主

一个没有才华的女人不会惹来什么非议，但一个没有教养的女人，即使她才高八斗、学富五车，也不会得到他人的欣赏。

没有教养的女人，她们通常的表现是：与别人约会时从来不守时；与人交谈时总是打断别人的谈话；从不懂得尊重人，对人漠不关心；语言不文明，说话尖声大叫；言行不一，善于自夸；从不设身处地为别人着想，极端利己主义；与人斤斤计较、睚眦必报，缺少同情心。如此，又有谁愿意和这样的女人交往呢？

我们这里所说的教养，是一种长期培养出来的状态和气质。它不是任性妄为、自命清高的姿态，而是善待他人、善待自己的心态。一个有着良好教养的女人会在平时的交往中表现出关注他人、倾听他人、同情他人的姿态。她们对生活充满了热爱，懂得珍视自己的健康，对于生活中的美好与感动，她们总是怀有一颗易感的心。由此展现出来的美丽，是健康的、自信的，秀外慧中、神采飞扬的。她们像一杯充满着淡淡茉莉花香的清茶，令人流连忘返，回味无穷。

在我的培训班上，有一位很优秀的学员叫玛丽。她不仅聪明漂亮，而且还是一个上市公司的财务总监。同时，她和丈夫还经营着一家自己的公司，两人十分恩爱。在所有人眼里，玛丽绝对算得上是事业、爱情双丰收。

有一次，她和同事上街购物，在一条街的拐角处看到自己的丈夫正搂着一个和自己女儿差不多的小女孩。看到这样的情景，玛丽既生气又惊讶，恨不得冲上去给丈夫和那个不要脸的女孩几个耳光。

正在这时，丈夫也看到了她。一时间，丈夫愣在了那里，不知如何是好。然而，玛丽却吸了一口气，一脸平静地走到丈夫面前，说：“嗨，逛街呢，继续吧！”说完，迈着优雅的步调离开了。

这件事过去了几天之后玛丽才知道，原来那天看到的小女孩是丈夫同学的女儿，他们夫妻外出不在家，托丈夫代为照顾。玛丽十分庆幸自己当时没有冲动。丈夫也开玩笑地说：“亲爱的，看不出来你还挺镇静的，不过我很感谢你！没有让人家见识到你这位‘醋劲十足’的阿姨的厉害！”

良好的教养，不是软弱，也不是妥协，而是对情绪能够加以控制。软弱是指无条件地屈服，而教养则是有原则地谦让，是指身心方面的修养。有教养的女人既有见识又有思想，她们从不耍小聪明，而是拥有大智慧。无论是在生活中还是工作中，她们都散发出一种自尊又自信的气质。

同时，有着良好教养的女人大都是聪明好学的。她们不但冰雪聪明，而且知识广博，无论是天文地理还是人文科技，她们总能和别人有说不完的话题。她们的谈吐收放自如，既风趣又不失分寸。在与人交流的过程中，若是与他人意见不合，她们往往能以委婉的方式化解尴尬；她们深谙“己所不欲，勿施于人”的道理，既不会将自己的意见强加于人，也不会照单全收别人的意见。

我想，很多女人都会经常陪伴丈夫去出席各种活动和宴会，如果在社交场合你能给他争来极大的面子，他一定会更加在乎你，更加欣赏你。那么，如何让自己在任何场合都能保持着一种优雅的涵养呢?

首先选择服装时一定要慎重，切忌花枝招展。精心挑选那些符合自己年龄、身材、职业等特征的衣装和搭配，给人一种清新优雅的感觉。同时，有品位的服装也会时刻提醒你注意自己的身份和仪表，不管遇到什么突发状况，都能保持冷静。

要培养自己宽容的肚量。就算真的遇到让你生气的事，也要努力扬扬嘴角，一笑了之。斤斤计较会让你连最起码的教养都丢掉了，更不要说是内涵了。

最后，还要不断学习和读书，这一点我在后面的章节里，会为各位女士详细说明。总而言之，良好的教养是气质美的前提，它可以为女人增光添彩。女士们，从现在起，培养自己的情操，学做一个有教养的女人吧!

气质女郎 不爱红装爱书装

一个有气质的女人往往是充满了智慧的。她会用心地去寻求自己的幸福，其中最重要的一点就是，她不会让自己成为时代的文盲。在人类社会迅猛发展、知识经济席卷而来的今天，影响人们的口号不再是“活到老，学到老”，而是“只有学到老，才能活到老”。

人们总习惯以人老了、自己年龄大了为借口，而忽略了知识的更新。殊不知，如果你不想方设法地去提升自己，终究会被世界所遗忘。人们总认为生命的倒计时从我们进入老年阶段开始，却始终不懂得这样一个道理：对于一个真正渴望获取知识的人来说，生命是一次没有终点的精神之旅。

哈佛大学原任校长A.劳伦斯·罗维尔博认为，教育是不应该被局限在校园范围之内的。他曾说过：“大学教育或教育培训制度所能教给我们的，只是如何帮助自己。我们必须学会自己教育自己。教育是一个贯穿于成长的过程，是一种心灵所需的自发运动。”

在德克萨斯州，有一位律师的妻子，已经是5个孩子的母亲了。

她年近60岁做了祖母。当她的儿子们都已经有了自己的事业时，这个女人果断决定到德州大学学习。4年后，她以优异的成绩拿下了毕业证。

还有一个女人比她还要让人称赞：她现在已经70多岁了，老伴已经去世，可她的智慧与爱心让她一点都不孤独。她终日忙于社区工作，有很多朋友和仰慕者，和她有过接触的人都一致认为她能激励和启发别人。她的儿孙们对她更是敬爱有加，并且十分珍惜每次和她在一起的机会。

乔治·桑治普是美国舆论调查机构的创始人，也曾任新泽西州委员会主席。他说："学习是一种持续一生、不能停顿的过程，可我们当中的很多人在取得文凭后就停止了学习。"

他说的简直太对了！我们要解决的问题绝不仅仅是在大学时期，那里只不过为我们提供了学习的时间和场所，还有很多未完成的功课等待着我们接着去做。各位女士，如果想拥有丰富充实的心灵，免于孤寂无聊，我们就得了解"活到老，学到老"的真正意义。

有一天，一位女士找到我，满脸沮丧。她向我抱怨说，她的丈夫对她越来越冷漠了，她感觉他们之间的共同话题越来越少。

原来，她丈夫是一位颇有成就的经理，且兴趣广泛，有着很高的文化品位，对音乐、美术和文学都很痴迷。而这位女士却没有上过大学，结婚后又生了几个孩子，根本没有时间、精力去欣赏音乐，或汲取美术和文学方面的知识。她感觉自己越来越配不上丈夫了。她抱怨说："就因为我和他，和他那些知识分子朋友没有什么共同语言，他就开始厌倦我，这不公平！"

交谈中我得知，现在她的孩子都已经长大结婚了，我问她现在是如何安排自己的闲暇时间的。她告诉我，除了每周打桥牌、看电影之外，基本上就没什么别的内容了，当然有时也会读一些言情小说。

这下我明白了！虽然她也在尽量打发自己的休闲时间，但很明显这个女人根本没有努力去改善自己的处境。她不是没有机会，但她缺少精神和动力。她可以把大把的时间花在打桥牌或看电影上，却完全忽视了扩展自己的兴趣爱好，难怪会跟不上她丈夫的脚步！

女士们，为什么要任由我们的心灵荒芜呢？浩瀚的知识海洋是允许每一个人在里面遨游的，为什么我们却要让心灵如此饥渴？气韵来自心灵的富足，而心灵是需要我们用知识的雨露不断地去滋养、灌溉的。所以，各位女士，在不断地学习中感受心灵的教导吧！为自己培养出高尚而优雅的气质。

书中自有颜如玉，爱书女人如诗美丽

前不久，我从美国舆论调查机构获知，和其他英语国家相比，美国的读书人数正在逐年减少。大多数美国人在一年之内还没有读完一本书。更有甚者，有60%的人表示除了《圣经》以外，他们至今还没有读过其他的书。美有1/4的大学毕业生也是这么回答的。这让身为美国人的我感到很惭愧，虽然我们在物质上过着世界上最高水准的生活，可在知识上，我们却并不丰盈。

女士们，我真心希望你们能够多读一点书。要知道，广博的见识、高尚的情致、细腻的情感、优雅的谈吐，都是让女人魅力十足的条件——而充实它的最好方法，就是读书。

岁月会给女人平添许多皱纹，读书却会给她带来睿智和豁达。书是女人最忠贞的情人，它不离不弃，始终如一，源源不断地给予却从不索取回报。它带给女人灵魂的滋养和精神的内蕴，可以抵挡岁月的淘洗。在年华渐逝的人生旅途上，读书的女人会走得更加从容，更加美丽，她们的魅力也不会因为岁月的淘洗而黯然失色，反而随着岁月的沉淀而散发出更加醉人的醇香。

常读书的女人，即使素面朝天地走在花红柳绿、浓妆艳抹的女人群中，也会格外的引人注目。她们不施脂粉却与众不同，正是那种“腹有诗书气自华”的美丽让她们显得优雅淡泊、柔美恬静。

罗曼·罗兰曾劝导女人，多读些书吧，多读些好书。书是女人永远不会落伍的时装和永久的护肤品，它不但会保护女人的皮肤“颜如玉”，还能滋养女人的身心“气自华”，令女人内外兼修。

想一想，如果一个人每天阅读15分钟，那么一周就可以读半本书；一个月读两本书，一年大概能读20本书。如此算来，一生怎么也能读上千本书了。所以，各位女士，不要再以忙碌作为不读书的理由了。每天仅仅抽出15分钟的阅读时间，就可以养成良好的阅读习惯，而你的受益将绝不仅仅是外表的美丽，更多的是来自心灵上的富足。

各位女士，请多花一点时间来读书吧！我相信，时间会把书籍中的糟粕剔除，只留下思想和经验上的精华。真正的好书，永远经得起时间和空间的考验，永远给人历久弥新的感受。

在阅读时，你没必要一定遵循什么样的方式，坦白说，我从来没有给自己定什么所谓的阅读计划，说不定随手翻开哪一本书，就会舍不得放下，收获良多。这就如同第一次出国旅行，不经意间踏上了一片古老王国的土地上，欣赏到了希腊雅典女神神殿或埃及金字塔，内心会因为没有丝毫准备而更加兴奋和震撼。

我很高兴能够结识菲丽丝·麦金莱小姐。她跟我有相同的志趣，都很喜欢阅读古典名著，这让我觉得非常难得。关于读书，她曾这样写道：

“人们总是对教育的问题议论纷纷，我感觉，我所受的教育无论从哪方面来说，都算不上很好。为了这件事，我痛苦了很久，也思考了很久。后来我终于发现了一个真理，哪怕是无知也会有它光明的一面。世界上真的有文学这种风景存在，而我就像是一个走进了英文古典名著国度里的陌生人，对一切充满了好奇。”

所以，在此我要表明我的观点：阅读伟大的作品是一条促进自我完善和自我成熟，从而达到圆满幸福的人生之路。

和书籍做闺密，多学知识多幸福

英国杰出领袖赫伯特·莫瑞生回忆过往的经历时说："我得到的最好的忠告，是在15岁那年一个街头摸骨师告诉我的。"

当时，莫瑞生在一家杂货店做零工。一天他在街上遇到了一个摸骨师。对方给他摸过骨后，问他平日都读些什么书。莫瑞生告诉他，就是书报摊上一个硬币一本的那种书，里面写的全是恐怖的谋杀案或是一些短篇故事。

听过这番话，摸骨师对他说："我觉得，你是个聪明的人，虽然看这些无聊的书比从来不看书要好，但我想你应该换一种阅读方式，不要单纯凭借爱好来选择，多看看历史、传记方面的书，这能帮你养成严肃的阅读习惯。"

从那时开始，莫瑞生的人生变得不一样了。他一有时间，就会到图书馆看书，虽然他只念过小学，可他知道阅读能够帮他提升知识和素养。最终他进入了英国下议院。提及这段经历，他说："过去，我总是习惯以听广播、看电视来打发时间，现在我宁愿读一本好书。因为和一本有益的书比起来，那些节目根本不值一提。”

杰弗逊总统曾说：“我已经改掉了阅读报纸的习惯，而是改读古罗马历史学家泰西塔斯以及古希腊历史学家修西底德的作品，我觉得自己快乐了很多。”

我们都知道，书籍如同海洋，浩瀚无穷。所以，读书也是应该有选择的。对于女性而言，什么样的书更适合丰富内心世界呢？

我想，你不妨就从班尼特的《怎样把一天24小时充分利用起来》这本书开始吧！阅读这本书，你会明白，自己每天浪费了多少时间，又该如何避免这样的浪费。如果节约时间，你又能做成多少事情。

还有一些非常有益的书，我在这里也想介绍给各位女士。美国文学史上非常有名的两本小说：《章鱼》和《核桃》。《章鱼》写的是发生在加利福尼亚的暴乱，《核桃》写的是芝加哥交易所的股票经纪人之间的斗争。此外，托马斯·哈代的《黛丝》是一部非常优美的小说；希里斯所写的《人的社会价值》和威廉·詹姆斯教授写的《和老师们的一席谈话》，也是值得读的两本好书。拜伦的《哈洛德的心路历程》，著名法国作家摩路瓦的《小精灵，雪莱的一生》以及史蒂文生的《骑驴行》，都应该列入你的书单之中。

或许，女士们还会问：如何才能熟练地运用语言，让自己的文字能力有所提高呢？我想，从一些名人的经验中，你们应该能够得到启发。

大作家马克·吐温年轻的时候，曾经乘坐马车去远方旅行。路程漫长也很痛苦，还要带上食物和饮用水。当时的行李全部是按照重量收费的，即使是这样，马克·吐温还是随身带着一本超级厚的《韦氏大辞典》。这本辞典伴随他走过了许多地方，他希望自己可以变成文字的主人，有一份独特的勇气，不断地朝着自己内心的目标前进。

庞特和查特罕爵士也都读过这本书，且读了两遍，每一页、每个词都不放过。为林肯写传记的尼可莱和海伊，也从辞典中获得了许多乐趣与启示。他们说，林肯经常“在黄昏阳光里坐着”，“翻着辞典，直到他连字都看不清楚了。”这些事情一点都不稀奇，因为几乎每一位杰出的作家和演讲家都曾有过同样的经验。

威尔逊总统的英文水平极高，他的一些作品在文学史中受到了很高的赞誉。提及自己学习语言文字的经验时，他说：“我的父亲很严厉，他不会允许家里任何人用词不准确。每一个孩子说错了话，都必须马上改过来，遇到一个生词必须马上解释清楚。他鼓励我们每个人在日常谈话里多用一些生词，说这样才能真正地记住它们。”

翻阅辞典，运用生词，坚持这样做下去，你会在不知不觉中发现自己的变化。所以，大作家歌德才会说这样一句话：“从你的语言中，我就可以判断你属于哪种人。”

我想，要做到这些并不是很难，也不需要多大的意志力，只要每天花费一点时间、花一点点钱买上两本好书就完全可以了。我真心希望女士们能够多读一些好书，记住那些大师们的故事，还有他们给出的人生和学习经验。这会让你们从内而外来一次蜕变。

大脚走天下，别再做小脚女人

女士们，现在，请你问问自己：我和一年前相比有什么改变？如果你发现，自己的工作和生活依然和从前一样，没有丝毫变化，那么很可能，你已经陷入危机了——守旧。

所谓守旧，就是指工作方式、生活范围始终停留在原位，没有改变。我们周围的环境每时每刻都在变化，如果不能很好地适应，就会跟不上时代，成为活化石。就算你一直否认自己不是一成不变的，可事实却可以证明，你依然如昔。

那些富有气韵和学识的女人，总在与时俱进地改变，不断地学习和丰富内心世界，抛却旧的习惯，掌握新的知识，尝试新的领域。尽管这看似是方式上的转变，但它却可以影响一个女人的内在。有许多女士，内心也渴望过改变，只是难以克服心理上的障碍。

不能否认，人都有好易怕难的心理，这是很正常的事。可是，我想告诉你们的是，对于工作单位而言，不管是行政单位还是公司，他们都不太欢迎守旧的人。如果一家公司里守旧的人太多，那么这家公司也会逐渐陷入某种危机之中。特别是在商业竞争中，守旧带来的危害就更加严重了。

守旧，是女人在事业上最危险的敌人。一旦被守旧的思想控制了，你对工作、生活等各个方面的判断、行事都会变得迟缓，跟不上节拍，不协调，甚至无所适从。想象一下：适应不了公司里的环境，无法融入人群与人交流，死守着过去的旧观念，不肯接受新鲜事物，你的生活将会变成什么样？更重要的是，一个守旧的女人是难以展示出魅力的，只会给人留下懦弱胆小、不够坦然大方、固执刻板的印象。

那么，你究竟是不是守旧呢？这里，我提供了一些项目，你不妨来检验一下：

1. 即使穿着老式的服装也毫不在意。
2. 整个星期都穿同一套衣服。
3. 饮料只喝固定的几种。
4. 每天都要饮酒。
5. 食物固定只是几样。
6. 不想尝试没有吃过的东西。
7. 有吸烟的习惯，且不想戒烟。
8. 只看固定的杂志。
9. 不想学习外语。
10. 不想换新的工作和岗位。
11. 接触的人几乎没有变化。
12. 不满意现在的工作和职位。
13. 碰面的总是固定的几个人。
14. 这一年没想过改变工作的方式。

15. 看报纸只看固定的那几栏。

16. 不想参加任何资格考试。

17. 不想读引起话题的书籍。

18. 这几年没有离开过自己的生活圈子。

19. 恋床。

20. 上班路线固定，不想尝试其他的路。

21. 即使很多人围在一起，也不想凑过去看。

22. 不想到新的地方生活。

23. 有机会也不想换工作。

24. 没有将来的目标。

25. 觉得自己禀性难移。

26. 没想过到国外去看看

27. 对事物没法儿专心。

28. 做事半途而废。

29. 害怕挫折。

30. 就算事情很重要，也懒得去做。

31. 渐渐变得不积极。

32. 从不怀疑自己这样过一生会如何。

33. 全然不在意自己的守旧。

34. 从未想过换一种方式思考。

35. 不再有好奇心。

36. 和初次见面的人讲话，会觉得很痛苦。

37. 从未想过忘掉时间好好地拼一场。

38. 开始觉得过去比现在好。

39. 不想知道自己的耐力极限。

40. 没有将来的梦想与希望。

在这40个项目里，有几项说出了你现在的状态？如果有10项以上都符合，那么你真的要注意一下，千万不要让自己陷入守旧的思想中；如果有20项以上都符合，那你真的是一个守旧的女人了。

不过，不要太紧张，就算你真的是一个守旧的女性，也不是没有办法改变。下面我列举了一些告别守旧的思想和行为，你不妨作为参考：

1. 对什么事情都存一份好奇心，积极探究那些未知的事物。

2. 永远保留自己的梦想和希望。

3. 不满足于自己的现状，对自己永远不满足。

4. 向自己能力和体力的极限挑战。

5. 为了将来，有计划地利用时间和金钱，努力启发自己。

6. 脑海里保留这个念头：经常检讨自己是不是守旧。

7. 及时调整情绪，遇到难题要尝试变通。

8. 全心全意地向困难挑战。

9. 制定明确的目标，并发起挑战，持续地努力学习。

10. 每天反省，不断地充实自己。

总而言之，女人不可以停滞在原地，这会让你落伍，跟不上时代，跟不上潮流，跟不上变化。在每个日出之时，都要以崭新的心态和思想，去迎接光辉灿烂的今天。不要把自己遗忘在昨天，让每一天的你都是焕然一新的。

要知道，这样的你，会永远给人眼前一亮的感受，而你的心灵也会跟随岁月的流转不断地丰富与更新，越来越饱满。这份思想上的光华和气韵上的丰盈，会让你的魅力十足。

大度容琐事，学会不生气的智慧

卡里尔曾经说过：“伟人之所以伟大，就在于他们懂得宽容和体谅普通人。”许多伟人之所以受到人们的爱戴，很大程度上就是因为他们身上具有这份宽容的美德。

一列开往费城的火车中途到站停车，一位女士在中途登上了火车。她走进一节车厢，挑了一个位置坐了下来。这时，一位略显肥胖的男士走了过来，坐在她对面的座位上，然后，他抽起烟来。这个举动令这位女士很反感，起初她只是咳了几声以提醒对方，可这位男士仿佛没有注意到对面这位女士的反应。

终于，女士忍不住开口说：“你是外国人吗？你不知道这里的每列火车里有一个专门的吸烟车厢吗？这里是禁止吸烟的。”那位男士没有开口说一句话，只是很顺从地就把香烟掐灭了。

没过多一会儿，一名列车员过来礼貌地请那位女士换个车厢坐，因为她坐的是格兰特将军的私人车厢。听到这话，女士又惊讶又慌张。在站起身往门口走之前，她看了一眼那位抽烟的男士，他正是格兰特将军。只见格兰特将军和刚才一样一动不动，脸上没有任何取笑她的表情，也没有让她难堪，他的宽容和大度让这位女士十分感激。

每个人身上或多或少都会有毛病。所以，当你想苛责别人的时候，不妨想一下我们在生活中遇到的那些鲜活事例，然后正视这个事实：无论我们所要批评的人是否做错，他都会竭力为自己的行为和做法寻找借口，甚至反过来挑你的毛病。

爱丽斯是一个尽职尽责的老师，但在孩子们眼里，她很严厉。因此孩子们面对她时大多拘谨而胆怯，甚至不愿和爱丽斯说话。

其实，这样的局面也是爱丽斯始料未及的，她自己心里还有一肚子的委屈：我是为了孩子们好才这样严格要求他们的啊！一直以来，为了让孩子们能够认真学习，爱丽斯对他们没有丝毫的放松。如果哪个孩子犯了错误，爱丽斯都会严厉地批评他，但这样的效果却非常不尽如人意。对此，爱丽斯感到很沮丧，渐渐地，她对自己的工作失去了信心，生活中的快乐也越来越少。

有一天，爱丽斯好像忽然明白哪里出了问题，她在心里对自己说："假如我少批评他们一点，原谅他们犯的小错误，情况会不会好一些呢？"这样想着，她也准备尝试这么做。

第二天，爱丽斯换了一身鲜艳的衣服，满脸笑容地走进学校。在走向教室的小路上，爱丽斯还在全神贯注地想着她这个新设想。突然，一个皮球从后面飞过来，狠狠地砸在了她的后背上，这让她着实吓了一跳。转过身来一看，才知道原来是她班上的"调皮鬼"迈克干的。迈克知道自己闯了祸，在爱丽斯面前简直吓傻了，都忘了把球从地上捡起来。也难怪他会如此，以往遇到类似的状况，迈克总是会遭到爱丽斯的训斥。可这一次，爱丽斯忽然想到了自己的新设想，随即转变了心理，她耸了耸肩，表示自己不介意。迈克说了句“对不起”便跑开了。

当天的课堂上，爱丽斯也不再像以前那样板着脸，她没有过分地指责孩子们的坐姿不端正，回答的问题不正确，是否在全神贯注地听她讲课这些问题。更让孩子们感到不可思议的是，“捣蛋鬼”保罗没能按时交出作业，爱丽斯竟然也没有批评他，只是笑着对他说记得在下次把作业交上来就好。如此这般，爱丽斯用乐观而宽容的心态和孩子们度过了愉快的一天。

等到这天晚上放学时，一向羞涩的琼对爱丽斯说：“老师，今天你好漂亮啊！”爱丽斯听到孩子这样真诚的夸奖，心里非常高兴。她也觉得自己似乎从来没有像今天这样开心而充满自信了。很显然，她的新设想是成功的：学生们在课堂上都全神贯注地听她讲课，回答问题也准确而敏捷，这让她太高兴了！从那以后爱丽斯明白了一个道理，那就是：要以宽容之心对待别人。

林肯在年轻时也是一个喜欢批评他人的人。他不仅写文章嘲笑别人，还把文章故意扔在大街上让路人拾取观看，这让当事者对他十分憎恶。直到后来发生的一件事，让林肯彻底认识到了自己的错误，幡然醒悟。

1842年，他撰文批评西华尔，因而惹怒了对方。西华尔要求与林肯决斗。虽然林肯不想应下这场决斗，但一想到这样做可能有损于自己的颜面，便答应了。好在最后的结果是，双方助战的朋友在最后关头阻止了这场生死决斗，才避免了悲剧的发生。经过这件事后，林肯再也不对他人进行过分的批评或嘲笑了。

不留情面地对一个人进行严厉批评，哪怕批评得再正确，也会让对方记恨你。作为拥有成熟人格的人，我们应该培养自己宽容而体谅的品性。有人曾经采访艾森豪威尔将军的儿子约翰，问他将军是否会记恨别人，约翰坚定而自豪地回答：“不会，我爸爸从来不会浪费哪怕一丁点儿时间去想那些自己讨厌的人。”

怨恨会让许多女人的脸上生出皱纹，令她们美丽的面孔变样。唯有心中充满宽容和爱心的女人，才会具有别具一格的美。各位女士，也许你确实很难做到像圣人一样去爱我们的仇敌，但是，为了你自己的快乐和健康，要学会去忘记和原谅别人的错误。因为对于女人来说，没有比宽容更好的美容品了。

不懂不知道，一懂万事妙

恋爱时的理想与结婚后的现实之间，会有不少距离，这让许多结婚不久的年轻夫妻大失所望：原来，婚后的生活并不像自己想象的那么浪漫啊！他怎么不如当初那么可爱了呢？他怎么不像恋爱时对我那么好了呢？早知道婚后是这个样子，还不如光恋爱不结婚呢！

其实，大多数“过来人”都曾或多或少、或深或浅地对此有体会。这是非常普遍的现象。这也是为什么很多人在婚后第一年至第五年之间离婚。那么，已经步入婚姻的女性，有什么方法才能使爱情之树常青、爱情之花常开呢？

很多女性在刚开始谈恋爱时，还是非常注意对爱情的培养的。但是她们错误地认为，谈情说爱只是在恋爱时才需要，一旦结了婚，那些往日的温情软语就显得没有必要了。她们总觉得恋爱时该说的都说了，结婚以后好好过日子就行了。再者，婚后就是想说，一没有时间，二重复说过的话也觉得没有什么新鲜感了。

那么好吧，女士们，让我们来分析一下“谈情说爱”这四个字。

可以看出，情和爱都离不开谈和说。当然，在某些情况下，情和爱的交流需要目光接触、身体语言等。但不可忽视的重要一点就是感情与爱恋需要通过语言表达出来，并以此引起对方的情感共鸣。这并不是说结婚后的女性还要像热恋中的人那样，一味地把“我爱你”挂在嘴边，谈什么、说什么要视情况而定。婚后的女性更应给“我爱你”添加上新的、实际的意义。比如，除了关心对方的衣食住行，还可以发自内心地夸赞对方所做的一件漂亮的东西，所办的一件成功的事。更重要的，是理解、支持对方的事业，把“我爱你”用每一个具体的行动表达出来。

不过凭我的经验来讲，即使已经说过无数遍的“我爱你”，在有些必要的时候还是要再说的。要知道，真心表露的感情是不怕重复的，对方也是百听不厌的。有时往往就是一句暖心的话，可能就会使人在心理上产生巨大的安全感和幸福感。所以，千万不可忽视谈情说爱对婚后生活的和谐幸福所起的作用。

有些女性想靠在恋爱阶段的浪漫爱情来维系自己的婚后生活。结果只能是让她们的婚后生活缺情少爱。她们哪里知道，只消耗，不积蓄，这种“坐吃山空”的想法和行为，会使爱情枯竭。婚后崭新而复杂的生活是许多恋人们当初无法想象的，和恋爱时的生活有很大区别。因此，婚前的恋人之爱并不能代替婚后的夫妻之爱。在成为夫妻的那天开始，双方就应该在婚姻中共同创造新的更具深度的爱情，而不是磨损原有的爱情。

另外，夫妻双方千万不要用性爱代替情爱，因为心灵的交流是无论如何也无法用肉体的接近所代替的。没有心灵的交流，便不可能有绵绵不绝的爱。无疑，性生活是婚姻生活中的一个重要组成部分。但是，切不可由于婚姻而让彼此的神秘感和新鲜感消失殆尽！

有人也许会把这里提到的神秘感和新鲜感简单地理解为性的神秘和新鲜，其实并非完全如此。年轻的夫妻如果只把注意力集中在生理方面，那么，短暂的神秘、新鲜感一过，必然会感到生活无比乏味。

真正的神秘感源自于精神领域里的思想，这才是夫妻间爱情不衰的保证。一个人的智慧、才学若像取之不尽，用之不竭的源泉，使对方总能不断地有惊喜发现，而这些新的发现又能促使对方对你产生好感和敬意，那么你就不必担心婚后生活无聊了。

对于婚后的你们而言，保持精神领域的神秘感，建设富足的心灵，才能让你们幸福开心。同时，当你丰富了内在之后，你还会发现，不只是婚姻生活有了变化，你从内到外的气质也得到了提升。

Chapter4 凡事放宽心，快乐是生命最美的姿态

如果你觉得自己前途无望，觉得周围的一切都很惨淡黑暗，那么你该立即转身，走向另一面，朝着希望和期待的阳光前进，将黑暗的阴影尽数放弃。在这世上，人人都只有唯一的一次机会去品尝人生这场精彩的探险，何不精心安排，全心全意地活得充实、活得快乐?

——戴尔·卡耐基

活着本来不容易，何苦自己为难自己

忧虑会让女人的心情一塌糊涂，在你愁眉不展的时候，它会悄无声息地让你的容颜迅速老去。相信对于任何一个追求美丽的女人来说，这都是一件可怕的事。

这是发生在很久以前的一件事。有天晚上，我家的门铃突然响起，是一个邻居来告诉我和我的家人，为了预防天花，要赶紧去接种牛痘。的确，当时情况很糟，许多人都吓坏了，大家都去排好几个小时的长队等待接种牛痘。因为当时在纽约市800万人口中，每8人患上天花就会有2个人因此而死亡。

但是有一种病对人们造成的危害起码要比天花大10000倍，我在纽约市住了37年，也从来没有一个人按我的门铃，警告我要去预防它，那就是精神上的忧郁症。

诺贝尔医学奖获得者阿利西斯·科瑞尔博士曾经说过：“不知道如何抗拒忧虑的人，都会短命而死。”各位女士，科瑞尔博士的话是值得深思和警醒的。

我和梅育诊所的著名医师哈罗·海滨先生在通信的过程中，谈到过几次有关忧虑的问题。他曾经对176位、平均年龄44.3岁的工商业负责人进行研究调查。通过研究，哈罗·海滨博士发现：大约有1/3的人因为忧虑而患有以下3种病症——心脏病、高血压以及消化系统疾病。另外，据其他医学专家研究发现，长时间忧虑还容易患上慢性关节炎、胃病以及蛀牙。

各位女士，你们当然明白，没有哪一个女人会不在意自己的容貌。但是你们可能不知道，没有比忧虑可以让女人老得更快的东西了。忧虑不仅毁掉了女人动人的表情，还会导致女人头发脱落、长出皱纹。这在我前些天拜访了著名女明星曼尔·奥伯朗的谈话中得到了印证，对于这个问题，她说出了自己的感受：

“十年前的我，刚从印度来到伦敦，一心想在这个大都市中的影视圈有所发展。我满怀希望地来到伦敦，没想到实际情况比我想象的要糟糕许多：四处碰壁，没有一家电影公司肯录用我。我身上带来的那点钱马上就要花完了，只能靠一点硬饼干和白开水充饥。我心中被忧虑的阴云所笼罩，甚至在心里暗自咒骂自己：‘你这个笨蛋是永远进不了影视圈的，你看你除了有一张还算漂亮的脸蛋外，还有什么！’在那段时间，我就是这样一边试图再坚持一下自己的梦想，一边担心会没有结果。

“这样的忧虑丝毫没有帮我解决任何问题，反倒是影响了我的容貌。有一天早上我起床照镜子，镜子里的人简直让我大吃一惊。我看到的是一张愁眉不展的脸。更让我惊讶的是，我的脸上竟然出现了一些细小的皱纹。当时我对自己说：‘不要再忧虑了，你最大的资本就是拥有一张漂亮的脸蛋，而你心中的忧虑会毁了它。’”

各位女士，曼尔·奥伯朗说的这些话，难道还不足以让你认识到忧虑的危害性吗？忧虑可以让你显得憔悴万分。甚至，一个意志非常顽强的人，也会因为忧虑病倒。

在南北战争时期，格兰特将军率领的部队围攻瑞奇蒙长达9个月。战争进入到最后的白热化阶段时，南方联盟拼死抵抗，战斗异常激烈。南方联盟的军队虽然被消灭了大半，但他们烧掉了粮食和工厂，弃城逃跑了。

但是谁也没有料到，在这最重要的阶段，一方统帅格兰特先生却病倒了。所谓病来如山倒，就一天工夫，他头痛难忍，连看东西都模糊了。虽然他坚持留下来继续指挥军队作战，但他的身体根本无法承受。万般无奈下，格兰特只得停了下来，在一户农家养伤。他把双脚浸在凉水里，还把芥末药膏贴在自己的颈部以及双手上，以求能够痊愈。

神奇的事情就这样发生了：第二天上午时分醒来，他的病果然痊愈了——但是让他康复的却不是芥末药膏，而是一个骑兵从前线带来的消息：南方联盟投降了。

事情过去很久后，人们在格兰特将军的回忆录中看到这样的记载："当那个骑兵来到我面前的时候，我的头仍然疼得像针扎一样。但是听到他的消息之后，我所有的病都好了。"也就是说，让格兰特将军病倒的原因，完全是因为紧张忧虑的情绪。一旦清除掉这些消极的情绪，健康马上就恢复过来了。

各位女士，我们每个人都希望自己能够健康，能够长寿。但是我必须要指出的是，要想做到这些，我们必须让自己尽可能地消除忧虑，保持内心的平静。

著名的心理学家阿森德尔博士曾经说过：“在现代都市的混乱中，只有那些能够维持内心平静的人，才不会变成神经病。”阿森德尔博士这样说并不是危言耸听，因为大约每10个人中，就有1个人出现过精神崩溃。

所以，在这一节将要结束的时候，我再次提醒各位，如果你不想让自己被孤独和忧虑困扰，请牢牢记住这项原则：认识到忧虑的危害，并彻底远离它。因为这比选择任何高档的护肤品都要更实际，更有效。

饭一口一口吃，事情一步步来

知道了忧虑的危害，我想各位女士一定渴望找到一种积极而有效的办法来消除忧虑。最好，这个办法很省事，很便捷。那到底有没有这样的方法呢？

现在，我来告诉你们一个消除忧虑的神妙良方，它是纽约州塞瑞卡斯市一位智慧的工程师威利·卡瑞尔创造的，可以说，这是我听过的最好的消除忧虑的办法之一了。

卡瑞尔先生年轻的时候，在纽约州水牛城的水牛锻造公司上班。有一次，他被派到密苏里州水晶城一座花好了几百万美元建造的工厂——匹兹堡玻璃公司，去安装一台瓦斯清洁机。这种清洁机可以有效并节能地清除瓦斯中的杂质，让瓦斯燃烧时不至于烧坏引擎。这种清洁机用过一次之后就再没使用过，而且当时试机的情况也不同现在。

果然，当卡瑞尔先生到达密苏里州水晶城去安装的时候，意外情况出现了。虽然经过后来的一番调试，机器总算能正常运转了，但它却没有达到理想中的效果。卡瑞尔先生非常失落，心里涌起了一股强烈的挫败感。那段时间，他寝食难安，胃和整个腹部都不舒服。

持续了一段日子之后，他发现这样做也没什么用，因为任何问题都解决不了。他突然觉得，自己实在很愚蠢。于是，他想到了一个不需要忧虑就能解决问题的办法，没想到还非常奏效。这个办法有三个步骤：

第一步，消除恐惧，客观分析当时的整体情况。如果失败了，最糟糕的情况是什么。

卡瑞尔想到，就算是真的失败了，也不会有人把他关起来，或者要他的命。最大的可能性就是他被解雇，老板拆掉整个机器，赔偿之前所投入的两万美元。

第二步，接受最糟糕的情况，平复自己的心情。

卡瑞尔在找出了可能发生的最糟糕的情况之后，第一时间接受了它。他告诉自己，虽然可能会失败，也可能会失业，可是没关系，因为还可以找到另外的工作。至于公司的老板，他自然也知道现在正处于试验阶段，他们可以把这两万美元记在研究费用上。分析之后，他的心平静了许多，整个人也放松了。

第三步，改善最糟糕的情况，并尽最大努力避免它的出现。

想通了之后，卡瑞尔放下心来，把时间和精力用于改善在心理上已接受的最坏情况。他努力寻找各种办法，以减少目前面临的两万美元的损失。他做了几次实验，最后发现如果再多花5000美元加装一些设备，问题就能得到解决。结果，按照这个办法，公司不但没有损失，反而赚了15000美元。

回顾整件事时，他清楚地发现了这一点：如果一直处于担心的状态下，恐怕事情只能朝着最坏的方向发展。因为，忧虑毁掉了他集中精神的能力。当他的内心充满忧虑时，会丧失所有的决策能力。反之，当他强迫自己面对最坏的情况，并且从精神上接受它时，他却能够恢复理智，权衡所有可能的情形，集中精力去解决更多的问题。

从心理学的角度讲，威利·卡瑞尔的神妙良方之所以有如此大的功效，关键是它可以把人们从那巨大的消极阴霾中拉出来，使人们不再因为忧虑而盲目地焦虑，让人清楚地知道自己所处的境遇，然后脚踏实地地去走好或弯或直的路。

心理学家威廉·詹姆斯教授曾经说过："愿意承担和接受已经无法改变的事实，是克服随之而来的不幸的开始。"有一位中国作家，在一本被广泛阅读的《生活的艺术》中也表达了同样的意思，他就是林语堂。林先生说："思想上的真正平和，来自于接受最坏的情况。从心理而言，我认为这就意味着能量的释放。"

女士们，当你们接受了最坏的情况时，就不会再损失什么了。也就是说一切都可以重新获得，不是吗？"在面对最坏的情况之后，"威科·卡瑞尔说，"我马上就轻松了下来，感受到了好几天以来都没有经历过的平静。"

所以，请记住这个克服忧虑的神妙良方吧。它可以使你重新获得快乐，重新以最美好的姿态出现在人们面前。如果有什么问题让你忧虑，那就问问自己：最坏的情况是什么？如果必须接受，那就做好一切准备，然后积极地想办法去改善。

动手又动脑，充实少烦恼

几年前的一个晚上，一位学员向我讲述了他的人生经历。他和妻子本来有个五岁的可爱女儿，但不幸去世了，他们都无法接受这个沉重的打击。10个月后，他们又拥有了一个小女儿，可惜只活了5天。这次打击真的让他崩溃了。

提及那段经历，他说："我受不了了，我的精神受到了致命的打击，找不到生活的意义。我每天吃不下、睡不着，脑子里全是悲伤和痛苦，没有一刻是轻松的。一位医生建议我吃安眠药，另一位医生建议我出去旅行。

"半年的时间里，这两个方法我都试过了，可是没什么用。我还是很痛苦，很煎熬。我觉得身体就像是被一把铁钳子夹住了，我越挣扎，它夹得越紧。唯一庆幸的是，我四岁的儿子还在我身边，他恐怕是我最后的希望了。正是这个孩子，给我指出了解脱的明路。

"有一天下午，我悲伤地坐在那里，他问我能不能给他做一条船。说实话，我一点心情都没有。可是，眼前的这个小家伙很会缠人，我不得不答应。我用了3个小时的时间来做那艘玩具船。等我把它做好之后，儿子非常开心，在一旁拿着玩。我突然发现，近一年以来，这3个小时是我心情最放松的时候。这个发现让我从恍惚中惊醒过来：如果一直处于忙碌的状态中，就没有时间去悲伤和忧虑了。对我来说，所有药物的治疗都不如在做那艘船时的专注更管用，它完全让我忘记了悲伤。

“我决定，让自己忙碌起来。当天晚上，我彻底检查了房间的每一个角落，看看有什么事情可以做，然后列出一张计划表。我发现，还真的有不少东西需要修理，比如书架、楼梯、窗帘、门锁、漏水的龙头等等。最后，你猜怎么样？我竟然列下了242件要做的事。

“之后，我用了大概两年的时间，把计划表中大部分的事都做完了。此外，我还给自己的安排了其他丰富的活动，比如参加成人教育课程，参加聚会活动，以校董事会主席的身份出席会议，协助红十字会和其他活动募捐。这些事情令我忙坏了，忙得我没时间难过了。”

战事紧张时，丘吉尔每天工作18个小时，当外界媒体问他是否为承担这一巨大责任而焦虑时，他说：“我太忙了，没有时间忧虑。”

对，没有时间去忧虑，这就是赶走忧虑、收获快乐的一个绝佳办法。一种感觉会把另一种感觉赶出去，就是这么简单。世界著名的女冒险家奥莎·琼森，也是利用这个办法，把自己从悲伤中解脱出来的。

奥莎·琼森曾写过一本自传，名为《与冒险结缘》。25年来，她跟丈夫马丁·琼森周游了全世界，拍下了有关亚洲和非洲濒临绝迹的野生动物影片。9年前，他们回到美国，四处巡回演讲，放映他们的旅行电影。

一次，她和丁·琼森从丹佛乘飞机前往西海岸，不料途中遭遇了空难，飞机撞在山上，马丁·琼森去世了。而医生断言，奥莎这辈子只能躺在床上了。然而，这不是最终的结局，三个月后，奇迹出现了。

奥莎·琼森坐着一辆轮椅，面对着一大群人继续做演讲。事实上，她在那段时间做了100多场演讲，每次都是坐着轮椅去的。当我问她为什么要这样做时，她回答说："我这样做，是想让自己没有时间悲伤难过。"

科学家巴斯特，对于这种方式也持赞同的态度，他说："在图书馆和实验室里忙碌的时候，我更容易感到心灵的平静。在那里工作的人，大多数都在埋头干活，没有时间担忧难过。所以，研究人员很少精神崩溃。"

忙碌为什么能够赶走忧虑呢？关于这个问题，心理学是这样解释的：无论一个人的智商多高，多么聪慧，也不可能在同一时间想一件以上的事情。我们的情感也是这样：我们不可能充满热情地想去做一些令人兴奋的事情，同时又因为忧虑而拖延下来。

萧伯纳告诫世人："人之所以忧虑，就是有空闲时间来想自己到底快乐不快乐。"女士们，让自己忙碌起来吧，这是世界上最便宜、最有效的赶走忧虑的办法。当你的身心专注于正在做的事时，你的思想就会重新变得敏锐。一个不受忧虑困扰的女人，才能留住美丽，散发出迷人的气质。

主演人生这场戏，对忧虑大声喊停

想做一个快乐的女人，那就要学会让忧虑及时停止。可是，到底该怎么做呢？在这里，我想从一个股票投资者的故事说起。

我敢说，有百万以上资产的人都想知道如何在股票交易中赚钱。当然，如果我知道这个问题的答案，那这本书的销路恐怕就不愁了。不过，在股票交易中赚得钵满盆满的投资者，他们大都有一个很好的理念。而这个理念源自于一个叫查尔斯·罗伯兹的投资顾问。

"我刚从得克萨斯州来纽约的时候，朋友们给了我两万美元用来炒股，"查尔斯·罗伯兹告诉我，"我认为自己对股票市场很在行，可是结果却惨不忍睹。不错，我的确在某些交易上赚了几笔，可是最后竟然连本带利全都赔光了。

"让我焦虑和沮丧的是我把朋友的钱赔光了，虽然他们都很有钱。从我的投资出现这种不幸的局面之后，我就有意识地躲避朋友，很害怕再见到他们。但让我意外的是，他们不但没有埋怨我，而且对这件事还看得很开，非常乐观。

“朋友们的态度让我减轻了心理负担，我开始认真分析这次失误。我发现我的交易是漫无目标的，大部分是靠小道消息炒股。我决定在再度进入股票市场之前，一定要先仔细研究清楚何为股票市场。于是，我找到了一位成功的预测专家波顿·卡斯特，我相信我能从他那里学到很多东西。他多年来一直都很成功，是不可能全靠机遇和运气的，我知道能做出这番事业的人一定有他自己的方法。

“我们第一次见面，他上来就先问了我几个问题，并试图从中了解我以前是如何操作的。随后，他才告诉我一条股票交易中最重要的原则。他说：‘我在股票市场上每购买一只股票之前都给它设定一条止损线。比如说，我买了一只50美元的股票，止损线设定的是45美元。也就是说，万一这只股票下跌幅度达到了5美元，我会立即把它卖出去，即使我有5美元的损失。

“‘如果当初购买时你有足够的头脑和运气，’这位大师继续说，‘你可能每股平均赚10—25美元，甚至50美元。因此，设定不让你的损失超过5美元，即使你有一半以上的失误，仍然能赚很多钱。’

罗伯兹先生说：“从那以后，我就一直采用这个法则。庆幸的是，它真的帮我和我的顾客挽回了许多损失。

“然后，我发现了一个更为奇妙且对于我来说更重要的事：这一‘到此为止’的原则不仅仅用于股票交易，生活中很多方面都适用。我开始在每一种烦恼和不快的事情上都加上一个‘到此为止’的限制，结果太妙了。比如，我有一个朋友很不守时，每次和他相约一起共进午餐时，他总是在我的午餐时间过去大半后才赶来。现在我会告诉他我的底线原则：‘如果在我等你10分钟后你还没有到，那我们这次的午餐只好算是告吹——我会先走。’”

女士们，从查尔斯·罗伯兹先生亲历的变化中，你是否学到了什么？我在想，为什么以前我没有学会用它来克服忧虑呢？我多么希望在很多年以前，就能将这种“到此为止”的原则运用在我的每一个方面——缺乏耐心、脾气急躁、贪婪、悔恨以及精神与情感压力大——上。

不过好在我有幸从罗伯兹先生那里得知了这个原则，并随即应用在自己的生活当中——至少我觉得自己在那件事上做得还不错。那是我生命中的一次危机，我眼看着我的梦想、我未来的计划以及多年来的工作全都将付诸东流。

当时，刚满30岁的我决定把写小说作为一生的职业，以弗兰克·诺瑞斯、杰克·伦敦为偶像，梦想着做哈代第二。第一次世界大战结束后的那段时期，我用美元在欧洲生活了两年，满怀热情地完成了我的“杰作”。我给它取名为《暴风雪》。然而，我哪里能想到，这书名取得竟是那么具有预见性：所有出版商对它的态度都像呼啸着刮过达科他平原的暴风雪一样冷酷。当我的经纪人告诉我说这部作品一文不值，甚至我并不适合写小说时，我的心跳简直都要停止了。

我茫然失措地离开了他的办公室，我该怎么办？接下来要往哪个方向走？我知道，自己必须做出一个重大的决定。当然，那时我还没有听到过“让你的忧虑‘到此为止”’的说法，但现在回想起来，那时我恰好是这么做的。

几个星期之后，我猛然醒悟过来。暂且把自己过去费尽心血写小说的经历看作是一次宝贵的教训，然后从那里出发。我重新回到了成人教育的领域，有空的时候就写一些传记和非小说类的书，例如你现在正看的这一本。而且我庆幸自己做了这样的决定！

前怕狼后怕虎，中间怕人类，累不累

女士们，如果你总是被那些大都不会发生或者还没有发生的事情所困扰的话，那我不得不说，你这是在自寻烦恼，是非常不明智的。

说实话，在很小的时候，我也是个心中容易充满忧虑的人：暴风雨来临之前，我总是担心自己会被闪电劈死；在生活困难的时候，我总是担心粮食不够吃；上学以后，我总是担心那个叫作詹姆·怀特的坏男孩会割下我的耳朵——他以前曾经这样威胁过我。

好不容易长大了一些的时候，我心中的忧虑仍然没有丝毫减退，我常常担心：将来会有女孩愿意嫁给我吗？如果真的有女孩愿意嫁给我，在结婚之后，我第一句话该和她说些什么……

日子就这样一天天过去，我就这样一天天长大。在这个过程中，我渐渐发现自己所担心的那些事99%都没有发生。例如我刚才说过，我总是担心被闪电劈死，但是后来我才知道，不论在哪一年，我被闪电击中的概率只有三十五万分之一……各位女士，我之所以讲了这么多，就是想告诉大家：那些你所担忧的事情，其中有99%都是不会发生的。所以从现在开始，不要再自寻烦恼了。

世界著名的伦敦罗艾德公司，就是靠人们对于不可能发生的事情的忧虑而赚足了资产。这家保险公司和任何人打赌，说他们所担忧的事情根本不会发生。当然，他们不称此为打赌，而是将之称为“保险”。

各位女士，我们可以试想一下，如果我们担心的事情发生概率真的非常大，罗艾德公司岂不早就破产了？但事实上，罗艾德公司至今已经有两百多年的历史，并且仍然保持着非常良好的业绩。下面让我们看看威尔斯金女士的例子吧，她正是因为明白了这样的道理，才重新快乐起来的。

威尔斯金女士一直是一个多愁善感、思虑过重的人，她心中的忧虑让她觉得自己是个很不走运的人。1943年这一年，她的生活中也的确发生了很多事，用她自己的话说就是“世界上一切的烦恼都落在了我的肩膀上”。的确，这几件事确实很烦人，如果是别人遇到了也会觉得难以解决：

1.威尔斯金女士的培训学校在生源方面遇到了问题，培训学校可能会因此而破产。因为在那一年，不少男孩子都去报名参军了，在军工厂没有经过培训的女孩甚至比受过培训的女孩赚得更多。

2.威尔斯金女士的小儿子正在服兵役，她非常担心儿子的安危。

3.威尔斯金女士面临无处安身的困境：她的房子正好处在当时达拉斯市政府要用来建造机场的地段上。据她自己估计，她只能得到房子总价1/10的补偿。而让她更为担忧的是，那时候房子非常匮乏，自己的房子被征用后哪里可以再买到新房呢？

4.威尔斯金女士每天都要走很远的路去打水，因为她家的井水已经干涸。但是挖一口新井对于一个马上要被政府征收的地方来讲，已经没有太大的意义了。

5. 威尔斯金的女儿今年就要高中毕业了，她想考大学，但是威尔斯金女士把所有的积蓄都投入到了培训学校中，根本没钱给她交学费。她担心女儿知道这件事后会非常伤心。

威尔斯金女士整天被上面这些烦恼困扰着，非常痛苦。她每天都把全部精力放在这些问题上，却想不出一个好的解决方法。甚至，她把这些问题写在一张纸上后贴在办公室的墙上，每天都要看几遍。但事实上，这样做除了给威尔斯金女士徒增烦恼之外，没有一点积极的作用。久而久之，威尔斯金女士把墙上贴的这些纸条当作是一种“装饰”，慢慢把它们全都淡忘了。

几年之后，当她收拾办公室的时候，这张写着她当时五大烦恼的纸条又摆在了她的面前。而这个时候的威尔斯金女士，早就已经不被这些问题所困扰了。那么，它们又是怎样被解决的呢?

1. 就威尔斯金女士的培训学校快要维持不下去的时候，政府要求她代训退伍军人，并开始为她拨款。由此，培训学校又恢复了往日热闹的气氛。

2. 没有多长时间，战争就结束了，威尔斯金女士的儿子安全返回，没有受一点伤。

3. 一年后，政府决定不再征收这块地，威尔斯金女士只花了一点钱就挖了一口新水井。

4. 由于威尔斯金女士的培训学校顺利地度过危机，她很快就重新有了盈利，女儿的大学学费自然也就有了保证。

这时候的威尔斯金女士方才恍然大悟：自己以前所担心的那些

事情，绝大部分都是不会发生的。而自己总是被这些事情弄得心情郁闷，简直就是在自寻烦恼。从此以后，每当有烦心事的时候，威尔斯金女士都会想尽一切办法把那些事情忘光。

各位女士，上面这些事实充分证明，我们没必要为那些不可能发生的事情而烦恼。要知道，快乐才是一个女人从内散发出来的美丽姿态。所以，要想改变忧虑的习惯，就想想事情发生的概率，不要再担心那些不可能发生的事情。

鸡蛋里面挑骨头，最后只会自己受罪

虽然说“人生不如意事十之八九”，但是女士们，我们的生命是有限的，让有限的生命沦丧于无限的忧虑与烦恼之中，何苦而为？再者，真正胸有大局的人是不会拘泥于细枝末节的烦恼的，就像懂得欣赏和田玉的人不会因其细微瑕疵而失望沮丧，喜获良木的人也不会为它身上的小虫孔而怏怏不乐。所以，千万不要因为一些不值当的小事情而烦恼。

忧虑与烦恼是女性美貌的残害剂。它们会使本来美丽动人的你脸色苍白，平添许多皱纹，乌发变白发。所以，爱美的女士们，保持美丽姿态的不二法则没有别的，只有好好爱护自己，在阳光明媚的日子里展现迷人的笑容。不要因外界的压力和苦恼而让自己烦躁不安，郁郁寡欢。

有一次，我应邀去一个朋友家里聚会。正餐开始前的分菜时，我这位朋友没留神做错了一件小事。当时谁也没有特别在意，可没想到，他的太太看到后立即很夸张地指责他：“乔治，你在做什么，怎么每次分菜你都会弄成这样呢！”

然后，她转而向我抱怨说：“他每天都是这样，做什么事情都是一副心不在焉的样子。结果不是这个做错了，就是那个做得不对。”我想，他也许真的没太用心去做这些事情，可另一方面我也很同情我这位朋友，他可以和这样的妻子共同生活了二十年之久。其实，对于我来说，饭菜只要吃得舒服，我并不介意吃一两个不小心沾上了芥末的热狗。

就在这那件事情发生过后没多久，我和桃乐丝也邀请了几位挚友来家里做客。但意外就在客人进门前的几分钟发生了：我发现有三条餐巾和桌布的颜色及款式没办法相配。我们赶忙跑进厨房，结果却怎么也找不到那三条匹配的餐巾了。

这让我们急得一头大汗，这样会不会显得没有礼貌呢？可我转念一想，也许这并不会妨碍我们拥有一个愉快的晚上，只要我们自己不拿这件事来小题大做。于是我对妻子说：“亲爱的，只是餐巾而已，又怎么会毁掉我们的晚餐呢？走吧，去迎接我们的客人。”

听到我这么说，妻子也放松了许多，她微笑地告诉我，她宁愿让大家觉得自己是个懒散、粗心的女人，也不愿意让大家看到她脾气暴躁、神经兮兮的样子。

事实证明，我们的担心的确是多余的，那个晚上我们吃得很开心，没有人关心桌布的颜色是不是与餐巾搭配得上。

我曾经在培训班里遇到过一位女士，她是一位非常了不起的人，因为她成功地战胜了自己，克服了忧虑。事情是这样的：当时正值第二次世界大战，格局动荡不安，而她的儿子在珍珠港事件爆发的第二天就应征入伍了。这让她几近崩溃。他安全吗？他会不会被捕？他吃得饱吃不饱？他牺牲了吗？一连串的念头充斥在脑子里，让她坐立不安。

我问她那时是怎么过来的，她告诉我没有其他的办法，就是让自己每天都忙碌起来，尽量不要腾出时间胡思乱想。为此，她辞退了佣人，每天打扫、做饭，自己动手修理院子里的花槽。她还会去孤儿院做义工，身边一群孩子不停地让她唱歌、讲故事、分发糖果，这让她忙得没有一秒钟可以去想其他的事情。

如果这位女士真的因为郁闷而精神崩溃的话，即使她的儿子回来，也无法再见到一位正常的母亲。从这位女士的经历我们可以得出：不要为未知结果的事情而忧虑，因为那样是毫无必要的，对事情的发展和结果起不到任何积极的作用。

女士们，我说了以上这些就是想再次告诫你们，不要再为了小事而忧虑。否则当我们的生命渐渐老去的时候，那些本该属于我们好好享受的幸福与快乐，也会一点一点消失，纵然后悔，也无济于事。我希望你们能珍惜自己快乐的权利，带着幸福的笑容好好地生活。

要想消除忧虑和孤独，一定要记住这项原则：不要再为小事而烦恼。

做“善变”女人，改变不了事情就改变心情

如果我们脑子里每天都充满了快乐的东西，我们就能感到快乐；如果我们每大所想的都是一些悲伤的事情，我们的生活就会变得悲伤。如果我们觉得自己一无是处，我们的人生必将会面临各种失败；如果我们日日沉浸在自艾自怜中，那么别人也会疏远我们。

我记得几年前参加过的一个电视节目，其间主持人问我说：“卡耐基先生，对你来说，到目前为止，你所学到最重要的一课是什么呢？”

这个问题对于我来说并不难，我所学到的最重要的一课，就是思想的“重要性”。古罗马的一位皇帝马尔卡斯·阿里硫斯曾经说过：“生活是由思想形成的。”同样，爱默生说过类似的观点：“一个人就是他每天所想象的那个样子，他不可能成为另外一个人。”如果我们每天都想一些快乐的事，那就能活得快乐；每天都想那些恐怖的东西，心里就会充满恐惧。

知名导演托马斯曾经拍摄了一些有关战争的电影，引起了全世界的轰动。在他事业最为辉煌的时候，为了配合他的演讲，伦敦的歌剧节整整向后推迟了六个星期，可见他的影响力有多大！

可谁都没想到，这么一个有才有名的大人物，在几年的时间里就遭遇了事业的滑铁卢。他拍摄的电影不再被人们所关注，更为糟糕的是，他以前积累的那些资产，很快就要消耗殆尽。最难挨的时候，他连一日三餐都成了问题，每天只能到街头的小店吃最便宜的东西。

可想而知，这给托马斯带来了多大的影响！起初，他陷入了一阵巨大的恐慌之中，每天都生活在忧虑之中。没多久，他就感觉自己的身体一天天衰弱，他甚至想到了去死。但是，托马斯就是托马斯，他知道如果自己就这样被霉运击倒的话，那么在别人眼里他将一钱不值。

所以，他决定让自己振作起来。每天出门办事前，托马斯都要买一朵鲜花插在衣襟上，然后昂首挺胸地走在牛津街头。慢慢地，他的内心变得积极而勇敢，三年之后，他的事业又重新回到了顶峰，他失去的东西重新回到了身边。

各位女士们，如果你希望散发出幸福乐观的气场，就不要整天摆出一副愁眉苦脸的样子。你要用一种积极的心态去面对生活中的所有，有了这样的姿态，哪怕你真的在生活中遇到了一些麻烦事，也不会让你觉得糟糕和难以忍受。反过来，如果你一直很消极，抱着这样的态度生活，那你这一生肯定会过得很阴沉，痛苦会不断地侵扰你、折磨你，你根本无法活出“最美的姿态”。下面我要讲的玛丽的例子就是这样。

玛丽打心眼里认为，自己的命不太好。确实，她的前半生过得不那么顺心，一直被霉运缠身。糟糕的事似乎从来没有离开过她：

刚刚结婚没多久，她的丈夫就生病去世了；后来，她又嫁了人，没也没想到，那个男人竟然抛弃了她。那时候的她，日子过得很艰难，而且当时她还身患疾病……在万般无奈的情况下，她把自己四岁的儿子送给了别人。在此后的三十年中，她再也没有见过自己的孩子。

因为长期遭受病痛的折磨，玛丽开始专注于“信仰疗法”。而真正改变她命运和生活的，是在麻省里安市发生的一件事。

那年冬天的一个深夜，她冒着寒冷走在街上。路上覆满了大雪，她因为没吃什么东西，身上没有力气，一不小心摔倒在地，昏了过去。醒来之后，她发现自己躺在医院里。医生对她说她的脊椎严重受损，还说她可能活不了多久了。

玛丽躺在病床上，无意间她发现床头有本书，书里的一句话像是一缕阳光射入了玛丽的眼帘，也触动了她的内心：“有人用担架抬着一个瘫痪的病人来到耶稣面前。耶稣对那个瘫痪的人说：‘孩子，放心回家吧，你的罪已经被赦免了。起来吧，拿着你的被褥回家去吧。’于是那个人就站起来，回家去了。”

一时间，玛丽仿佛被这句话赋满了积极的力量，她不断对自己说：“玛丽，一切都会好起来的，你一定会康复的。”两个月之后，奇迹发生了，玛丽完全恢复了健康，这让医院所有的医生们都称之为奇迹。

不久前的一次宴会上，我与玛丽女士不期而遇。说真的，她彻底变了，脸上再没有消极痛苦的表情，容光焕发，非常漂亮。她对我说：“卡耐基先生，我越来越相信思想的力量了。我认为只要一个人能够改变自己的想法，就能消除忧虑、恐惧以及疾病，他的生活也会随之发生根本性的变化。”

玛丽女士的这番话，是她经过一番痛苦经历后的领悟。的确，思想的力量是非常巨大的。我们谁也无法避免在生活中遇到困难，但只要能保持积极的心态，多少困难都能克服，从中找到属于自己的快乐。

各位女士，看完这些真实的故事，这些动人的事迹，我想你们应该懂得了，思想的力量是非常强大的。由此我更加确信一点，我们的出身，我们所处的环境，都无法左右我们内心的平静，都无法剥夺我们的快乐；就算很多事情无法改变，但是心境可以改变。这一点早在几百年前，双目失明的弥尔顿就发现了，他曾经说："思想的运用以及思想的本身，可以把天堂变成地狱，也可以把地狱变成天堂。"

我们都知道，海伦·凯勒是个聋哑人，而且眼睛也看不见，但是她却微笑着告诉世界："我发现生命如此美好。"相比之下，拿破仑拥有至高无上的权力和常人难以想象的财富，可他却说这一生从来没有快乐过一天。两个人之所以有如此大的差别，关键是心态的不同，直接影响了他们所处的境遇。

各位女士，从今以后不要再沉浸在那些消极的情绪和想法之中了，你要想办法让自己变得积极快乐起来。当你的思想充满正面能量的时候，你才会显露出一个女人最美丽的姿态。

忧郁伤神，孤独伤心

虽然当代的医学科技迅猛发展，但我们所生活的这个时代却出现了一种新的疾病，那就是“大众寂寞病”。

五年前，我的一位女性朋友永远地失去了她的丈夫。从此，她开始饱尝寂寞之苦。在她丈夫去世一个月后的一天晚上，她来问我：“以后的日子我该怎么办？我怎样才能重新感受到快乐？”

我非常同情她的遭遇，向她解释说，灾难的确会给人带来焦虑，但她应该及时摆脱忧虑，尽早走出阴影，重新建立新的生活，找到新的快乐。

可她却直截了当地说，她不会再有快乐了。她已经老了，孩子们也都成家立业，她实在没有什么地方可以去了。这位可怜的女人患上了可怕的自怜症，而她又不知道该怎么办。在接下来的日子里，我一直关注着她。见她的情况没有好转，我忍不住劝她说：“你不要一直把希望寄托在别人身上，让别人来同情你、可怜你；你要试着去交往一些新朋友，找点喜欢的事来做，取代那些陈旧的东西，开始新的生活。”结果，我的劝说没有奏效。她只是听进了耳朵里，并没有真正记在心里。

最后，她还是决定把自己的快乐寄托在子女身上。不久之后，她搬到了女儿那里。然而，事实并不如想象中那样美好。母女两人相处得不太好，后来竟然反目成仇。无奈之下，她只好又搬到儿子家里，可没想到，最后依然是不愉快地分手。实在没办法，她搬到了一间公寓，开始独自生活。可问题依然存在，她内心的孤独感并没有消失，有一天下午她找到我，哭得很伤心，说她被子女抛弃了。

不客气地说，我的这位女性朋友简直是个不可救药的自私女人。虽然她有六十多年的人生经历，但就感情而言，她像小孩子一样，想让全世界的人都可怜她。如此，又怎么能从自己孤独的世界中走出来，得到快乐呢?

配偶的逝去的确是让人心痛至极的，但是法律并没有剥夺活人享受快乐的权利！她必须明白，快乐并不像救济金或施舍品那样，是她理所应得的。同时，关爱和友情也不会像包装精美的礼物那样被送到手上，受欢迎和被接纳从来都不是那么轻易就做到的，所有美好的感情不通过努力是不能获得的。下面故事中的老妇人，就通过自己的努力，使自己成为一位受人欢迎和尊敬的人。

克里斯太太是一个寡妇，她的遭遇和上面说到的那位朋友相似。曾经，丈夫是她全部的爱和生命，可是他死了，留下她一个人在这个世界上。她痛不欲生，觉得自己失去了伴侣和力量，根本不愿意出门，不愿见任何人。在那段充满绝望的日子里，她对自己都产生了厌倦感，认为自己长相平凡，囊中羞涩，一无是处，不知道该怎么做才能为人所接受。

然而，就在某一天早上，她突然间醒悟了，也想明白了一件事：要想被别人接受，就必须乐于付出，而不是乞求别人的给予。她觉得，自己是时候摆脱悲伤了，要忘记过去，开始新的生活。

克里斯太太过去很喜欢画画，她决定重新拾起这份爱好。此后，画画就成了她生命中一件最重要的事情，陪伴她走过了那段艰难的痛苦日子。与此同时，画画还给她带来了巨大的回报，让她拥有了属于自己的事业。

后来，克里斯太太还去旅行了，她乘坐客轮，在海上寻找快乐。那是她第一次出海旅行。船上，许多快乐的夫妇和未婚的情侣都在享受快乐的假期。六十多岁的克里斯太太虽然是独自一人，可她满面春风，神情愉悦。很快，她就了船上最受欢迎的旅客之一。她对任何人都表示出善良友好，却从不介入别人的私事，也绝不依附于任何一个人。

在这次旅行即将结束的前一天晚上，全体游客在克里斯太太的房间里举行了一次最快乐的聚会，克里斯太太则谦逊地回报大家的邀请。在那以后，克里斯太太曾好几次出海旅行。每次旅行时她都以自己的微笑和友善赢得了众人的欢迎。

现在的她早已懂得，若想走出孤独，得到别人的友谊，首先自己必须热爱生活，并愿意奉献自己。因此，无论到了哪里，她都能制造出和谐的氛围，受到人们的热情欢迎。

无论走到哪里，我们都要通过自己的努力，创造出温暖而友爱的环境。停止自怨自艾，结识新朋友，与他们一起分享快乐和光明——虽然这需要很大的勇气，但是很多人都做到了，所以我相信女士们，你们也一定可以做到。

享受今天，做快活的小燕子

公元前500年，古希腊哲学家赫拉克利特对他的学生说过这样一段话：

"世上的每件事物都在随时变化着，人不可能两次踏进同一条河里。河水每分每秒都在变化，走进河水的人也同样在变化。生命是一个永不停息的变化过程，唯一确定的是今天。既然如此，我们何必为无法确定的明天担忧，让原本美好的今天变得焦头烂额呢？"

我很欣赏这段话，也很欣赏这样生活的人。在现实中，我所在的地方医院里，大约有一半的床位都是为那些精神上有问题的人准备的，这简直太可怕了。这些病人全都是被忧虑折磨成那样的。事实上，如果他们懂得这个道理："不为明天忧虑，完全活在今天。"他们中的大多数人都可以快乐地生活。

1871年春天，一位年轻的医科学生偶然间读到了一句话。此时，作为一名医科专业的学生，他内心担忧的是该如何通过期末考试，毕业以后要去哪儿谋求一份工作。就在他迷茫无措的时候，他读到了托马斯·卡莱尔的一句话："对我们来说，最重要的不是去看远方模糊的事，而是做手边清楚的事。"

这句话，让他彻底消除了忧虑，转而踏实做眼前的事。结果，你猜怎么样？他创建了约翰·霍普金斯医学院。这所学校后来享誉世界。他还成为牛津大学医学院的钦定教授。同时，他还被英国国王封为了爵士。当他离开这个世界时，记述他一生经历及功绩的书厚达1466页。这个人的名字，或许你也听说过。没错，他正是著名的医学家威廉·奥斯勒。

威廉·奥斯勒爵士曾经在一个温和的春夜里，为耶鲁大学的学生作了一次演讲。一开场，他便告诉耶鲁大学的莘莘学子，很多人都觉得，像他这样的人应该有着和常人不同的大脑。实际上并非如此。真正了解他的人都知道，他的大脑非常普通。提及自己为何能够有后来的成就，他是这样说的："我成功的唯一秘诀是，让自己生活在完全独立的今天。"

为了让学生们更好地理解这句话，他还讲了自己的一段经历。那是在去耶鲁大学演讲前的几个月，他搭乘了一艘大型海轮横渡大西洋。一天早晨，当他走出船舱来到甲板的时候，刚好看到船长在船舵室中按下一个按钮，紧接着，便听到一阵机械运转的声音，轮船的各个部分立刻彼此分开，构成了几个完全防水的隔离舱。后来，他有幸参观了船舵室，才发现那些大的隔离舱其实都能够独立使用。然而，就是这个看似平常的情景，深深地触动了奥斯勒。

他对学生们说："我相信，你们每个人都要比那艘轮船精密，你们要走的航程也比它更远。我希望你们今后都能够活在完全独立的今天，这是在航程中确保安全的最好方法。你们要按下按钮，用铁门隔断过去，那些已经过去的昨天，然后再按下按钮，用铁门隔断未来，那些还没有到来的明天。这样，你就安全了，今天才是最保险的。为明天做准备的最好方法，就是集中你所有的智慧和热诚，把今天的工作做得尽善尽美，这就是你能应对未来的唯一可能的方法。”

今天最大的障碍，是昨天的经历和明天的负担。要抛却烦恼和忧虑，就必须切断过去，再把未来关在门外。好想法和坏想法之间的区别就在于：好想法会考虑到原因和结果，从而产生合乎逻辑的、富有建设性的计划；而坏想法通常只会导致精神紧张和崩溃。一个总担忧未来的人，只能是浪费了精力，使得精神郁闷、神经忧虑。我想要告诉你们的是，养成活在‘完全独立的今天’的习惯。

作家约翰·罗斯金在他的书桌上放了一块石头，上面刻着两个字：今天。我的书桌上虽然没有摆着什么东西，但我在镜子上贴了一首小诗，让它每天都能够提醒自己。这首诗是印度的一位知名的戏剧家卡里达沙写的：

“向黎明敬礼/看着今天/因为它就是生命，它是生命中的生命/在它短暂的时间里，有你存在的所有变化与现实：成长的福佑，行动的荣耀，还有成功的辉煌/昨天不过是一场梦，明天只是一个幻影，但生活在美好的今天/却能使每一个昨天成为一个快乐的梦，使每一个明天都充满希望的幻景。”

“不论工作有多么辛苦，每个人都能干好一天的工作，每个人都能很甜美、很耐心、很可爱而且很纯洁地活到太阳下山，这就是生命的真谛。”是的，女士们！过好今天，这就是对黎明的敬礼。如果你不希望忧虑影响自己的生活，那就把过去和未来隔断吧，让自己完完全全地活在今天，享受当下。

Chapter5

挺胸抬头不要怕，女人大大方方闯天下

除了你自己，没有人可以减轻你的自卑意识。而最好的方法就是：忘掉你自己。当你觉得羞怯，别人似乎都在看你时，你只要立刻把你的心思转移到其他事情上去就行了。不要管别人对你或你的表达有什么想法，忘掉你自己，只管向前。

——戴尔·卡耐基

大大方方，扭捏容易惹人伤

关于美丽，我曾写过一篇文章。我还记得其中有一段是这样写的："许多女人对自己的长相、体重、头发、皮肤等方面有着不切实际的主观期望。我在想，女人们是不是应该放弃这种幻想？有一个道理几乎是人所共知却又经常被忽略的，那就是人只有在最自信的时候才是最美丽的，尤其对于女人而言。的确，我们感觉自己是什么样的，我们就是什么样的，这是绝对的真理。"

生活经验告诉我们，好的形象能让我们的生命充满活力，让我们在他人心目中留下自信的美好印象。所以，女士们，你们一定要懂得爱惜自己，尤其要注意自己的外在装扮，这是十分重要的。当人们看到一个衣着得体的女子时，通常心里会涌起这样的念头："这个人衣着得体，品位很高。她一定十分在意自己。"

我曾经和一位结婚35年的女性朋友聊天，她的话让我印象深刻。她说："几十年来，我丈夫白天从来没见过我不化妆的样子，因为每天我都把闹钟的铃声定在凌晨四点半，这样，当他睁开眼睛时，我已经打扮好了。”

她描述的情景让我眼前瞬间浮现出一幅画面：她的丈夫每天起床后邋里邋遢地在她身边晃荡，而她已经打扮精美地在一旁等候了，那简直就像是在上演《美女与野兽》一样。对于我来说，如果桃乐丝每天清晨四点半就起床打扮，那的确显得有点夸张。但是，我还是比较同意朋友的观点——尽量把最好的一面展现给别人。

我的太太桃乐丝曾经坦诚地告诉我她的一次“失败的爱情经历”。

“15岁时，我正式交了第一个男朋友，他叫朱利安。虽然不少人都觉得，他是一个让人感觉很失败的人，可当时只有15岁的我，疯狂地爱上了他。我丧失了理智，根本听不进任何人的劝说，包括我的父亲。就在我和朱利安狂热地陷入爱河时，有一天父亲在吃晚饭的时候突然对我说：‘桃乐丝，难道你没有注意到吗，朱利安总是从两颗门牙之间的缝隙中啐口水。’你知道，我父亲是个牙医，所以他对牙齿特别敏感。然而就是这句话，让我从此每每看到朱利安，都会下意识地注意他那两颗咧开的门牙，还不由自主地想象他从牙缝里啐口水的样子。至于结果，你当然也能猜得出来，很快我们就分手了。

“从那件事上我得到了一个警醒，那就是我很在意自己在所爱的男人眼里的形象。所以从那时开始我就告诉自己，以后结婚了，一定要在丈夫面前展示自己最好的一面，最完美的我。另外，还有一个众所周知的理由让我这么做：两个热恋的人在对方眼里什么都是好的，可一旦发生一点争执，以前所有不愉快的场景就会被回想起来。我可不愿意以后我的丈夫这么想我：那是个刚从床上爬起来，蓬头垢面的黄脸婆。所以每天早晨，不管是恋爱时还是结婚后，我都会认真地梳洗打扮，再涂点口红。这不仅会让别人看到我时很开心，同时也让我自己感到更自信。”

桃乐丝的经历对我也是一个启发，这里我需要补充和提醒一点的是，要清楚你是为了自己才打扮得美丽动人的。所以，女士们，即便是你的丈夫，你也不要按照他的喜好来决定梳什么样的头发或者穿什么样的衣服。

你一定要明白，重要的不在于你是否把自己最好的一面展现给别人，而是你在为自己打扮，而非别人。就算你自己在家，也应像平时一样，按时起床，洗漱梳头，穿上一件干净、舒服、漂亮的衣服。这样做不是为了别人，而是让你自己能充满自信和生气，清新自然地开始新的一天。

直到现在，还有不少女生不懂得什么是真正的自信。她们甚至认为，自信只不过是“飞扬跋扈”比较温和的代名词而已。长久以来，她们在一种简单的态度下长大：“我不想冒险，我害怕冒险”，“让别人来当领袖好了，我一定是个非常棒的追随者”，“女人太强悍是找不到丈夫的”……这些想法让她们行动迟缓，个性也变得犹豫起来。我要说的是，越是很少表达自己，就越无法培养并展露出女人的魅力，最终只能给人留下一种无能、不善思考的“傻姑娘”形象。

事实上，真正的自信可以与文雅、谦恭和善良同在，一个有魅力的女人一定是充满自信的，或者说，任何女人都可以因自信而充满魅力。

飒爽英姿，男人眼中永不褪色的风景

在我和朋友一起聚会的时候，经常会谈论起各种各样的话题，讲述很多有趣的事。我几乎每次都能听到“什么样的女人最美丽”、“女人什么时候最美丽”这样的话题，而答案也总是众说纷纭。

有人说恋爱中的女人最美丽可爱，因为恋爱中的女人被爱滋养着，楚楚动人；有人说女人在结婚的那一天最美丽；还有人说，身为准妈妈们的女人最美丽。母性的伟大唤醒了女人美丽的细胞，孕育生命所带来的欣喜与安慰，是外人所不能体会的。

这样说来，女人很多时候都是美丽的。但是在这里，我想要说的是：自信的女人是最美丽的。因为那种气质是由内而外的底蕴，深厚而坚实。

有一位姑娘名叫艾米丽，和所有正值妙龄花季的女孩一样，她也希望自己未来能够结识一位英俊潇洒的男士，和他结婚，恩恩爱爱，白头偕老。艾米丽整天梦想着能有那么一天，可惜一直以来她也没有遇到过让她心仪的男子。眼看着自己周围的姑娘们都先后找到了合适的对象，过上了自己想要的生活，她心里很失落。

可怜的艾米丽就这样一直等着，一年过去了，三年过去了，美好的年华就在岁月中逝去，当年的妙龄女子，最后成了待嫁的大龄女。到了这时候，艾米丽已经绝望了，她每天自怨自艾，说自己的命运不好，说生活对她不公，认定自己会永远孤独。艾米丽的父母看到女儿变成这样，心里着急又难过，一直想办法让女儿快乐起来。最后，他们给女儿联系了一位著名的心理学家，希望艾米丽能在他的帮助下走出困境。

当艾米丽走进心理学家的办公室时，心理学家就深深地记住了她。因为，在握手的时候，艾米丽的手指冰凉得令人心颤，还有那凄怨的眼神，苍白、憔悴的面孔，都在向心理学家表明，她是一个绝望的人。

一番交谈了解后，心理学家沉思良久，说道："艾米丽，我想请你帮我一个忙。是的，我真的很需要你的帮助，不知你能答应我吗？"这让艾米丽感到有些意外，她满怀疑问地望着心理学家，奇怪他怎么会提出这样一个要求。但是，她还是同意了。

心理学家说："是这样的，下个周末，我家里要举行一个家庭舞会，可我担心我的妻子一个人忙不过来，我想请你来帮我招呼客人。明天一早，你要先去买一套新衣服。你不要只按照自己的意愿来买，你可以问问店员，看看她有什么更好的意见；然后，你去做个发型，按理发师的意见办。我想，听好心人的意见对你来说是有益的。"还没等艾米丽回应，心理学家又接着说："那天要来到我家的客人很多，但大都互相不认识。你需要帮我主动去招呼客人，代表我欢迎他们，注意不要冷落任何一个人，特别是显得孤单的人。"

听了心理学家的一番叙述后，艾米丽很不安。心理学家鼓励她说："没关系，其实很简单。比如说，看谁没咖啡就端一杯；要是太闷热了，就开开窗户什么的。"艾米丽终于答应试一试。

家庭舞会的日子终于到了，艾米丽早早就来到了晚会上。重新打扮了的艾米丽焕然一新，发式得体，衣衫合身，简直跟换了一个人一样。按照心理学家的要求，她尽职尽力，只想着帮助别人。她眼神活泼，笑容可掬，完全忘掉了自己的心事，焕发出女性独有的迷人光彩，成了晚会上最受欢迎的女人。

从那以后，艾米丽再没去找过心理学家。半年后，心理学家收到了一张结婚请柬，是艾米丽发来的。原来那次晚会后，三个男青年都被艾米丽的迷人光彩所倾倒，对她展开了热烈的追求。最终她答应了其中一位男子的求婚。

心理学家受到邀请，以贵宾的身份出席了他们的婚礼。那场婚礼漂亮隆重，像所有女孩子所梦想的那样。那天的新娘艾米丽漂亮极了，整个婚礼都充满了幸福的甜蜜。艾米丽的父母非常感谢心理学家，说他创造了一个奇迹。

其实，一个女人最悲哀的时候，不是失去了美好的爱情，也不是失去了往昔的好身材，或是娇美的容颜，而是失去了内心的自信。可能有人觉得，外貌、年龄、爱情、婚姻是女人仅有的本钱，我认为那太偏激了。一个女人散发出来的自信气质，才是她一生永不贬值的资本。

心理学家曾经做过调查，自信的女人是男人最欣赏的。因为，自信的女人让他们在交往的时候没有压力，虽然古往今来人们潜意识里会把女人放在弱者的位置上，但对于太过娇弱依赖的女人，男人们也是无法接受的。

当然，我这里所说的自信并不是一种强悍或十分强势的态度，而是一种落落大方、自然得体的气质。有自信的女人，待人接物便会给人以得体合宜的感觉。她们凡事有自己的主见，处理起来不会拖泥带水。有自信的女人总是能坦然地面对社会，面对生活赋予她的一切，甜也好苦也好，悲也好喜也好，痛也好乐也好，都有勇气去承受承担，即使遇到失败或者残缺的生活，也不会失去努力向好发展的动力。

当你拥有了自信，你就会显得更加妩媚动人，你的人生也会变得更加精彩。同时，对于女人来说，自信也是很重要的一种品性。如果你想做个美丽的女人，那么，请扬起你自信的头颅，让自信的微笑时常挂在你的嘴角，这样所散发出来的既坚定又优雅的气质，让你无论何时何地，都将成为生活中的主角，成为男人眼里最美丽动人的女子。

把内在美像小鸟一样释放出来吧

青春美丽的面容，曼妙多姿的身材，在选美竞赛上，这样的女性总会成为众人瞩目的焦点。不可否认，外在美是选美的一项重要因素。但与此同时，也有人觉得这太片面，因为美丽的条件绝不仅仅是外在美，内在美的焕发也是突显女人独有气质和魅力的要素。

安吉丽娜是一位美国小姐，她就是依靠着内在美赢得众人喜欢的。

安吉丽娜出生在一个小镇上，像大多数青春期少女一样，她在上中学的时候总是一副生涩害羞的样子，对自己的未来没有太多的想象。那个时候的她，总把自己想象成一只丑小鸭，从不敢奢望什么选美皇后。事实上，安吉丽娜自己根本没有注意到，她身上有着一些远比外在的美丽更难得的特质——清新气质和稳健的风度。从审美的角度来看，她就像是一块没有打磨过的璞玉，稍稍加工一下，肯定会夺人眼目。

亲朋好友都鼓励她，让她去展示一下自己的美丽。得到了这样的支持和鼓舞，安吉丽娜决定要试一试。她去练健身，学习仪表仪态，然后报名参加了一场选美比赛。虽然第一次参赛她没有进入决赛，但她并不灰心，接着又参加了好几场比赛，16场选美比赛之后，她终于成为了一名美国小姐。再后来，她依靠自己那份散发着光芒的内在美和勤勤恳恳的做事态度，成功地步入了演艺圈，并成为一名出色的艺人，有了自己的节目。

自信的女人所透露出来的气质是由内而外的，她们往往是快乐的。那么，怎样才能成为一个自信的女人呢？

首先你要做的是学会充分发掘自己，即看到自身的优点与长处。我相信你们都懂得一个道理：没有谁是十全十美的，但是每个女人都有属于自己的闪光点。一个长相平凡的女人也许不够妖娆，不够娇媚，但是她可能有善良与体贴的美好品质。这些正是获得人们赞扬与喜爱的最重要的因素。

其次，你要懂得展示自己，把自己美好的一面呈现在别人面前。每个女人内心都住着一个完美的天使，我们要做的事情就是把她呼唤出来。如果你的内心温柔敏感，那就在人们面前表现你的善解人意；如果你的内心热情豪爽，就不要用淑女的框子去束缚自己，压抑了那个本来自由奔放的你。

如果以上这些还是不能帮助你找到自信，不要沮丧，下面我介绍的这些方法，或许可以给你带来一些帮助。虽然看似都是日常的一些小事，但它们都是十分关键的细节，做好了这些，你就会有惊喜的收获。

人们常说，眼睛是心灵的窗户。躲避别人的眼神常常会让人觉得不安全，传递给对方一种不好的信息。练习正视他人，这等于是在告诉他：我很诚实，而且光明正大；我相信我告诉你的话都是真的，我不心虚。要想让你的眼睛为你工作，就要有意识地练习专注地看着别人。这不但能给你信心，而且能为你赢得别人的信任。

一般情况下，松松散散的姿势、慵慵懒懒的眼神只会给人传递出一种工作上、生活上或是情绪上的不愉快。心理学家告诉我们，通过改变走路的姿势和速度，可以改变心理状态。往往，那些走路速度比一般人稍快一些的人，常常是拥有超凡信心的。从她们的步伐当中人们可以读出：我很自信，我相信不久以后通过自己的努力就会成功。所以，各位女士，试着让你的步伐加快一点。

在日常生活中，当你参加各种聚会或是讲座活动时，会发现后面的座位总是先被坐满。事实上，那都是一些缺乏自信的人。你不要再那么做了，要争取往前排坐，那样能够帮助你建立自信。当然，坐在前面会比较显眼。但是要记住，有关成功的一切都是显眼的。

我们常常在一些讨论会上看到，有很多有才华的人无法参与到人们的交流中去。其实，并不是他们不想发言，而是他们缺乏自信。尽可能多地在公众场合发言，就会在不知不觉中增强你的信心。不管是积极的建设性意见还是批评，都要大胆地说出来。不要担心你的话是否会引起别人的嘲笑，因为总有人同意你的见解。

说话也是需要锻炼的。更重要的是，语言能力是提高自信心的强心剂。一个人如果能把自己的想法或愿望清晰、明白地表达出来，她的内心一定具有明确的目标和坚定的信心，同时她充满信心的话语也会感染对方，吸引对方的注意力。

从现在开始，多在众人面前讲话，无论对方是一个人还是几个或是一群人。不要那么在意对方的反应是赞成还是嘲笑，试着把自己的心里话清晰、干脆地表达出来。长此以往，你一定会感到自己渐渐充满了自信的力量，说话的技巧也会大有长进。

各位女士，当你们在生活中不断地重复这些做法，加强挖掘内在美的意识，那么久而久之，你就会成为一位自信的女人。

跟“别人的影子”说拜拜，真实做自己

很多人的精神和心理出现问题，全是因为他们总想着模仿别人。这种希望能做跟自己不一样的人的想法在好莱坞尤其流行。

著名导演山姆·伍德，因导演《万世师表》、《战地钟声》等影片闻名好莱坞。他曾在房地产行业打拼多年，由此知道很多推销技巧。这些技巧被他后来应用到其他生意或电影事业中。他说：“我的经验告诉我，最好的方法就是丢开那些装腔作势的家伙。”要是你亦步亦趋、人云亦云，反而有“画虎不成反类犬”的坏效果。

在工作中，他碰到的最头痛的问题之一就是，要时刻提醒一些年轻的演员，保持自己的本色。因为他们总想做二流或是三流的别人，却不想做一流的自己。事实上，观众们早已看够了那些相似的东西。最安全的做法是，要尽快丢开那些装腔作势的人。

安吉罗·帕屈在幼儿教育方面颇有建树，他曾写过十几本书和数以千计的文章，他说道：“没有人比那些想做其他人的人更痛苦的了。”确实，一个人最愚蠢、最荒谬的行为，莫过于想要集他人所有优点于一身。

一直以来，我都保留着一封信，那是伊迪斯·欧蕾太太从北卡罗来纳州寄来的。她在信上说，自己从小就特别敏感又腼腆，她的体型一直很胖，而那张婴儿肥的娃娃脸使她看起来比实际要胖得多。她的母亲很古板，总对她说宽衣好穿，窄衣易破。母亲从来不会帮她把衣服弄得漂亮一些，而她也总照着母亲的要求来穿衣服。她从来不和其他的孩子一起在外面玩，甚至不上体育课。很长一段时间，她都极其害羞甚至有点自卑，觉得自己跟其他的人都不一样，一点儿也不受人喜欢。

后来，她嫁给了一个比她年长好几岁的男人。她的婆家是一家充满自信、友善和气的人——他们就是她从小喜爱、尊敬的那种人。她尽最大的努力要像他们一样，可是她并没有什么改变。她的丈夫为了使她开朗而做的每一件事情，都只会令她想退缩到自己的世界里。就这样，情况变得越来越糟。

她躲开了所有的朋友，愈发紧张不安，甚至害怕听到门铃声。她觉得自己是一个彻头彻尾的失败者，又担心丈夫会发现这一点，所以每次出席公共场合的时候，她都假装很开心，可结果常常不尽如人意。最后，不开心使她觉得再活下去也没有什么意思了，她想自杀。

不过，事情的结局并没那么糟糕。因为，欧蕾太太的生活因一句随口说出的话而发生了转机。

欧蕾太太说，有一天，她的婆婆在跟她谈论怎么教养孩子时，说了这样一句话："不管事情怎么样，我总会要求他们保持本色。"保持本色，就是这句话，在那一瞬间她发现，自己之所以一直活在苦恼不堪中，就是因为她一直试图适应一个并不适合自己的模式。

从那天开始，欧蕾太太发生了彻底的改变。她开始试着研究自己的个性，试着找出她究竟是怎样的人、她的优点和特色，然后努力学习一些色彩和服饰上的问题，找到适合自己的衣服……

她主动去交朋友，通过朋友介绍加入了一个社团组织。起先他们让她参加活动，她非常胆怯。但接下来每发一次言，她的勇气就增加一点。改变的过程虽然很漫长，然而今天她所拥有的快乐，却是之前从来没有想到的。她在教育自己的孩子时，也时常把她从痛苦的经历中所学到的经验教给他们："不管事情怎么样，总要保持本色。"

女士们，读到这里时，我希望你们知道，永远要充满自信地做好你自己，因为你是世界上独一无二的。你应该为此而感到庆幸，应该尽量利用大自然所赋予你的一切。

就像爱默生在他那篇《论自信》的散文里所说的："在每一个人的教育过程之中，他一定会在某个时期发现，羡慕就是无知，模仿就是自杀。不论好坏，他必须保持本色。虽然在广袤的宇宙中有太多好东西，可是除非他耕作自己那一块土地，否则他绝得不到好的收成。他所拥有的能力是自然界的一种新能力，除了他之外，没有人知道他能做出些什么，他能知道些什么。这都是他必须自己去尝试求取的。"

请记得，不要模仿别人，找到自己，消除内心的自卑和怀疑，展示出自己由内而外的坚定的、自信的美，这才是让女人保持一生如花的魅力法则。

白璧有微瑕，小缺点成就大魅力

一个人首先要喜欢自己，他才可能真正地喜欢别人。勇敢地面对自己、坦然接纳自己的所有，是喜欢自己的前提，也是心智成熟的表现。那些每天盯着自己缺点不放的人，永远只能陷入痛苦中挣扎。不仅自己过得不开心，也很难跟周围的人融洽相处，受到他人的喜爱。

我们这里说的“喜欢自己”，不是自私，不是以自我为中心，更不是自以为是，而是自尊自爱，客观冷静地面对自己，接受自己。布兰顿博士曾经说过：“对于每一个正常的人来说，适度地自爱是一种健康的表现，适度的自重是取得成功的必要因素。”

一个心智成熟的人，从来不会翻来覆去地想自己不如别人自信，不如别人态度积极等这些问题。虽然有时候也会因自己的表现感到不满，发现自己存在种种缺点和错误，可绝不会拿这些东西来不停地折磨自己。不管是对待自己还是对待别人，都要有一颗宽容的心。从内心深处明白，人人都有弱点，根本没必要拿这些事情给自己制造痛苦。

如果你细心观察生活，你会发现一个情况：那些住在医院病房里的人，多数都不太喜欢自己，他们正在饱受情感问题和精神的困扰。我在这里不想深究，到底是什么原因让他们变成了这样。我只是觉得，在充满竞争和压力的社会里，过于追求物质和名望，过于强调要超越别人，不是一种好的生活方式，它很有可能会导致人在精神上出现疾病和障碍。

罗伯·怀特，是哈佛大学的心理学家，他提到现今的一种流行理念："人需要调整好自己，如此才能够适应周围环境的各种压力。"怀特强调，这种观点往往会让人觉得，自己的潜力是无限的，可以调整好自己去适应生活、承担压力。哪怕是压抑而枯燥的生活，他们都可以做出让步。其实，这种压抑和改变，只会让人变得迷茫，丧失目标，然后放弃掉发挥自己宝贵创造能力的机会。

怀特博士的说法的确没错。生活中，很少有人清楚地知道，自己究竟该坚持什么，该为了什么事情鼓足勇气，独树一帜。往往，社会和经济群体会影响我们的行为。比如，我们在衣食住行或思考方式的问题上，总是希望和身边的人差不多。一旦我们的个性和周围的环境不太相符时，心里就变得很紧张，有一种茫然失措的感觉，非常不开心，还有一些人甚至会开始讨厌自己。

多年前，我结识了一位有着完美主义情结的女士。她希望自己所做的每件事都完美无瑕。可在别人眼里，她所做的事大多都不太好。比如，一个很简单的报告，她要细细推敲几个小时才上交；做演讲时，她反复解释自己的题目，让听众觉得很啰唆；对于突然造访的客人，她总是表现得不那么热情；举行宴会时，她连最小的细节都要事先安排好。如此煞费苦心，不仅让人觉得很刻板，她自己为此也付出了巨大的代价，失去了随意自在，失去了快乐和温情。

太苛求完美，实则是另一种自虐。苛求完美的女人，无法接受自己跟别人一样好，总是希望自己要胜过别人，成为受人关注的焦点。她们每天想的不是怎样发挥出自己的能力，努力把事情做到最好，而是想着怎样才能超过别人，让自己站在一个更高的位置，用俯视的姿态来看别人。可惜，追求完美的人也会经常遭受失败，这一点跟其他人没什么区别。可是如果他们的心态不好，很难走出失败的阴影，到最后只会越来越否定自己，痛恨自己。

女士们，请不要对自己那么残忍、那么苛刻了。有时，我们需要自我放松一下，或者自嘲一番。要学会喜欢自己，这是培养自信的必要条件。我曾提出过这样的建议，每天拿出一段时间静静独处，它可以帮助你了解自己，还有助于你学会喜欢自己。巴蒂梅尔博士是一家精神病学协会的董事，他也提倡这样的方式，他说："过去，人们习惯在晚上和睡前做一下反思。这绝对是一种学习与人、与己相处的良方。"

多年前，我遇到过一个女学生，她不知如何与人、与自己相处，十分迷茫。她的丈夫是一位很有才华的律师，在事业上充满了野心，积极进取，甚至有点霸道。他平日交往的人都是些名流，他们总以社会名望和成就来衡量一个人的价值，她的丈夫也如是。然而，这个女学生性格温和，为人谦逊，身处那样的社交圈中，她并不快乐，因为没有人欣赏她身上的优点，她时常觉得压抑和被轻视。因为无法达到那些人的要求和期望，她渐渐对自己失去了信心，越来越沮丧，越来越讨厌自己。

我告诉她，她根本用不着烦恼。她要做的，也不是如何想办法适应环境，而是要学会坦然地、愉快地接受自己，真实的自己，用欣赏的目光看自己，而不是为了满足他人心中的完美刻意地改变自己，委屈自己。每个人都可以遵循自己的性格来做事。要想重新肯定自我的价值，首先就要建立起属于自己的价值观，并把它运用到生活当中，不再用他人的标准判断自己。同时，还要学会独处，对自己少一点挑剔。

我希望，女士们都能学会喜欢自己、尊重和欣赏自己，从而培养出自信的心态。

活得不像你，谁都对不起

女士们，我想问你们一件事：你们是否想过这样的问题，比如“我是谁？”“我从哪儿来？”听起来有点荒谬，是不是？说实话，在我遇到阿伦·舒恩费教授前，我也无法回答这些问题，甚至没有想过这方面的问题。然而，舒恩费教授的一番话让我彻底明白了，我们每个人的诞生都是既可怕又奇妙的。

他是这样说的：“对这个世界来讲，你是全新的。从天地诞生那一刻一直到现在，都没有一个人跟你完全一样；以后也不会有；永永远远，绝不可能再出现一个和你一模一样的人。根据遗传学原理，你之所以成为你，是你父亲23对染色体和你母亲23对染色体相互作用的结果。这46对染色体加在一起决定了你的遗传基因。”阿伦·舒恩费教授说：“每一条染色体里可能有几十到几百个遗传因子。在一定条件下，每个遗传因子都有可能改变你的人生。”

如果把这番话换一种说法来解释，可能会让你大为震撼：假定你的父亲和你的母亲注定相遇并结婚生子，生下你的概率也只是三十亿分之一——也就是说，即使你有30亿个兄弟姐妹，你也有可能与他们完全不同。这不是科幻大片，而是科学事实。

这里，我只想跟你探讨有关保持本色这个问题，因为我对此深有感触。对于这个问题，我想我是有发言权的，因为我曾有过痛心的经历，并为此付出过惨重的代价。

当我从密苏里州老家走出来，到了纽约这样的大都市里，我还是一个年纪轻轻的毛头小伙子。我那时的想法是成为一名演员，因为我认定这是一条走向成功的捷径。经过努力，我也如愿以偿地成了美国戏剧学院的一名学生。轻松取得的成绩让我对今后的打算更加简单，而且觉得自己的计划堪称完美，甚至嘲笑为什么成千上万富有野心的人都发现不了这一点。

于是，我自以为是地开始了自己的计划，先去学习当时著名演员的演技，将他们所有人的优点都学会，以便让自己能成为一个集所有人优点于一身的全能演员——这是多么愚蠢、多么荒谬的想法！当然，这是我事后反思时才看清楚的。为了这个所谓的理想，我浪费了很长一段时间，最后才明白，我最大的成就不是成为任何人，而是保持自我本色。

从那以后，我本该吸取教训有所成长，但遗憾的是，我并没有完全学习到其中的精髓，以至于一次又一次受挫。几年后，当我在公开演讲这一领域小有成绩时，我希望自己能写出一本在业内最好的书。在前面，我也提到过这件事。只是，在创作的过程中，我又一次犯了与演戏时一样的错误。我计划将所有作者的观点都搬过来，全部放进一本书里，企图让我的书成为一部包罗万象的百科全书。为此，我花了一年的时间，抱着十几本有关公开演讲的书苦读，提炼了里面涉及的所有概念。可越到最后越感觉到，我自己又干了件蠢事，这本拼凑而成的书不但沉闷无聊，连最起码的可读性都没有了——那些做作的语言都是我为了罗列他人的观点而硬塞进去的。我一年的心血全部被丢进垃圾箱，一切都要重新开始。从那次经历以后，我告诫自己："你一定要活出自我，无论怎样，都不要变成别人。"

素凡石油公司人事部主任保罗先生曾与六万多个求职者面谈过，并且出版过《求职的六种方法》一书。可以说，他在人力资源方面是个实打实的专家。他告诉我，求职者在应聘过程中最常犯的错误就是，不能以自己的本来面目示人，不能保持本色。他们在回答提问时并不坦诚，总是说一些自以为对方想要的答案。要知道，这种做法对求职者不但没有半点好处，反而给人留下不好的印象。

这个并不复杂的道理，一个女孩子却是历尽艰辛才明白的。她的长相并不出众，甚至让她有点自卑：脸长，嘴大，牙齿暴露。她一直想成为一名歌唱家，她的第一次公开演唱会是在新泽西州的一家夜总会。

场上，她一直试图拉下上嘴唇盖住暴露的牙齿，希望显得漂亮些，可效果却相反，这个动作让她出尽了洋相。她仅剩的最后一点自信和希望随着演唱会的结束也彻底消失了。然而，当她走出夜总会想要回家时，一个经纪人拦住了她，说："说实话，我认为你是一个有天分的演唱者。我一直在欣赏你的表演。当然，我能看出你一直想掩盖自己的缺点，你暴露的牙齿让你感到很难堪，是吗？"

女孩子低下头，觉得更加难为情了。那个经纪人继续说："难道长了龅牙的人就应该觉得羞耻吗？不是的！不要掩盖什么，张开你的嘴！要是你不这么在乎的话，可能观众会喜欢你的。那些你想掩盖的东西也许会给你带来好运呢。”

女孩接受了他的忠告，不再刻意掩盖自己的牙齿，演唱时只想着观众。她张开嘴尽情地欢唱，终于成为了娱乐界的一位明星，许多演员到现在还刻意模仿她呢。

各位女士，请记住这一点：你就是你的最佳角色。所以，从现在开始，不要再浪费一秒钟为自己不是某某而苦恼了。

你说你的，我做我的

通过与一些女性的接触，我发现她们很多都是缺乏主见的。当选择来临的时候，她们总是去询问别人，而不是主动思考。其实这样是非常不利的，因为这个世界上真正了解你的人并非别人，而是你自己，别人的想法并不一定适合你。所以，各位女士们，请你们一定要做一个有主见的人。只有这样，才能让自己更快地成熟起来。

卡尔·艾薇儿是我的一个女学员，刚刚大学毕业的她正在努力寻找工作。这天，她来找我，非常兴奋地对我说："卡耐基先生，我真是太幸运了，我被福特尔咨询公司和物耐得物贸公司同时录取了。"听她这么说，我很替她高兴，因为这两家公司都是纽约很有名气的公司，普通毕业生要想进去是很难的。现在这两家公司竟然都录用了她，真是非常难得。

于是我就问她："这两家公司都很好，你打算去哪一家呢？"

卡尔·艾薇儿回答："我打算去福特尔咨询公司，因为我的朋友都说我比较适合做咨询工作。"

三四天过去了，当卡尔·艾薇儿小姐再来上课时，我问她："在福特尔咨询公司待得怎么样？能适应那儿的工作吗？"

不料，卡尔·艾薇儿却摇了摇头说："卡耐基先生，我不打算去福特尔咨询公司了。因为我爸爸说物耐得物贸公司的发展潜力非常大，我能在那里得到更多的发展空间。所以我改变主意了，打算去物耐得物贸公司上班。"

听到她这么说，我觉得她已经打定主意要去物耐得物贸公司去工作了。可是仅仅才过了一天，她又来找我，非常为难地说："卡耐基先生，我的朋友还是认为我不适合做物贸，而我爸爸却坚持让我做这份工作。现在我已经糊涂了，想来想去也不知道该做什么好。卡耐基先生，您能帮我拿个主意，我到底该如何选择啊？"

我只能摇摇头，对她说："小姐，非常抱歉，我最多只能给你提供一些个人意见，但无法帮你做出抉择。你要明白，无论做什么事情，最终的选择权都在你的手里。不要总是被别人的意见所左右，没有自己的主意。"

到了最后，我问她："到底哪份工作是你所喜欢的呢？你觉得自己更胜任哪份工作？"卡尔·艾薇儿思考了一下说："我觉得我更喜欢做咨询工作。因为我很有耐心，也乐于去帮助他人；对于需要跟很多陌生人打交道的物贸工作，我并不怎么擅长。"

我点了点头，对她表示赞扬："既然你这么清楚自己的优点和缺点，为什么还要让别人替你做选择呢？要知道，只有做一个有主见的女性，你才会变得更加成熟。"

需要注意的是，有主见并不是让你盲目地相信自己，谁的意见也不听。著名心理学家德莱克教授曾经说过："世界上有两种人最不成熟，一种是没有主见的人，而另一种就是听不进任何意见的人。”

事实的确如此，当一个人盲目地相信自己而完全听不进他人意见时，就会给自己带来很大的麻烦。他不仅会因此而失去很多朋友，也会让自己变得偏激狭隘、目光短浅，这对于个人的发展是非常不利的。

凯瑟琳女士在一家食品公司上班，担任销售副经理之职。她有着非常出众的工作能力，但也有一个非常显著的缺点，就是过度自信。当她手下的员工提出不同意见时，总是会遭到她的无情否定，然后顽固地坚持自己的观点。

上个月，公司生产出一种新的食品，需要进行宣传推广工作。凯瑟琳作为销售部的副经理，决定向手下员工征集宣传方案，并在之后的研讨会上讨论这些方案。但是到了研讨会上，凯瑟琳却“旧病复发”，将那些与她观点不同的方案统统否决了。她手下的员工因为都很熟悉她的脾气，就没有再提什么意见。结果，所有的方案都被她一个人大包大揽。但没有想到的是，这次的宣传推广做得极其失败，几乎没有一点成效。老板大发雷霆，狠狠训斥了凯瑟琳一番。若不是她以前的业绩还不错，她的这个销售副经理的位子恐怕也要丢掉。

凯瑟琳的经历告诉我们，总是盲目相信自己而不听取他人意见的人，会遭受到非常大的个人损失。无论是谁，都不能保证自己的观点永远正确，如果听不进别人的意见，就有可能让自己走很多弯路。所以，我们应该多多听取他人的意见，并通过自己的思考、分析，取其精华，为我所用。

每个人的一生都是有限的，如果可以选择的话，为什么不唱自己的歌，走自己喜欢的路呢？毕竟，这个世界上真正了解你的人不是别人，而是你自己。坚持自己的主见，不论结果好坏，都是忠于你自己内心的曲调。但有一点需要各位女士注意，不管是固执己见还是没有主见，二者都不可取。要想让自己变得更加自信，更加美丽，请记住这项原则：能够听取他人的意见，也拥有自己的主见。

坦坦荡荡做辣妹，勇于说不

在人际交往中，女性似乎更在意别人对自己的看法。女士们，看看你们自己是否也是这样：为了赢得更多人的喜爱，为了得到别人的称赞，你会收敛起自己真实的个性与想法，从不违背朋友的意见，对他们有求必应，甚至还主动为他们做许多事。

你随时都在做着自我牺牲的准备，时时处处为别人考虑，只因你总是想让自己看起来显得可爱。时间长了，你不堪重负，甚至友谊和爱情对你而言都变成了一种负担。

雷思丽有一个朋友叫乔蒂，她非常喜欢一个味道很特别的餐馆，所以每次她们一起相约出去吃饭，乔蒂都会提议去那里。

实际上，那种特别的"口味"雷思丽一点儿都不喜欢，为了不扫乔蒂的兴，每次她都同意陪乔蒂一起去。一来二往，乔蒂以为雷思丽对自己推荐的餐馆很满意，所以以后她们之间的约会，乔蒂还是会提议去老地方，而雷思丽只好说"好"。就这样，本来很轻松美好的事情变成了一种负担，而乔蒂对雷思丽的"牺牲"也许还丝毫没有察觉呢。

女士们，如果你总是习惯于附和别人，那么就别期望在活动中你能获得更多的快乐。所以从现在开始，当被问及到“周末去哪里玩”时，你不能再像以往那样反问“你说呢”，而是果断说出一个你最想去的地方。你和恋人一起就餐时，当他问你“想吃什么”时，直截了当地告诉他你的想法，不要他点什么你就吃什么，也不要不好意思。

梅薇思好不容易盼到了周末，下了班她哪里都不想去，一周的忙碌让梅薇思就想好好洗个泡泡浴，听听音乐，翻几页书，或是看看电视，然后早早睡觉。可是朋友打电话来请梅薇思一起去看电影。听着对方充满渴望的声音，梅薇思尽管心里不太乐意，但最终还是答应了。

看完电影后，梅薇思本想直接回家，这时开始她的“计划”也不晚。可梅薇思的朋友显然很兴奋，她强烈要求去酒吧喝一杯，梅薇思不愿扫她的兴，只好去了。等到梅薇思回到家时，已经是午夜时分了，她感到异常疲惫，一个美妙的周末夜晚计划就这样泡汤了。匆匆洗漱完毕躺在床上，梅薇思懊恼不已，她埋怨自己为什么不在朋友打电话的时候，直接告诉她自己的计划，或者看完电影之后，就不要再答应去酒吧……

长久以来，你是不是也像梅薇思一样，让你的朋友们都已习惯了你这样的牺牲性格？她们把不征求你的意见甚至直接替你做出决定，视为理所当然。女士们，我要说的是，你们必须学会说“不”。这可能会让一些人离开你，不过也会让真正珍惜你的朋友重新认识你，从而为你感到高兴。另外，你也不要过分担心男人的眼光，一个总是说“好”的女人对他们来说，远远不及一个会说“不”的女人更有吸引力。

做一个自信而自爱的女人，不要违心地迎合别人，保持自己独立的性格和情趣。也许，起初你会觉得这有点难，或者根本不知道怎么做。没关系，在这里，我为各位女士提出几条建议，也许能让你所有收获：

你要学会拒绝别人，不要不好意思，因为这是你的权利。

不懂拒绝的女人，时时刻刻都无法让自己满意。一旦说出拒绝的话，就好像自己做了什么亏心事似的。如果她开口拒绝了别人，她甚至比那个被拒绝的人还要难受。其实，真的没有必要这样折磨自己。拒绝与接受都是你的权利。

对你不喜欢参加的活动，不喜欢用餐的餐馆，不喜欢接听的电话，你都要理直气壮地说“不”。很快，你就会发现自己的生活会发生改变——你的时间多起来了，你终于可以做自己喜欢的事情了。

不要一味地迎合，让别人知道你也是有忍耐极限的。

想一想，你的朋友们是不是不怎么顾及你的感受？那是因为平时你的“迎合”，让他们以为你的耐心是无穷的，甚至连你的恋人也会忽视你为他所付出的一切。就像小孩子为了引起大人的注意，常常违背大人的心意和安排，执拗地坚持自己的主张一样，你也要在必要的时候，对你的朋友“唱唱反调”。

有什么话不妨直接说出来，让对方了解你的想法。

人际交往中，“平衡”是非常重要的。无论在什么地方何种场合，当别人从你这里得到他们需要的东西之后，他们自然也很想知道你的想法。直接说出自己的想法和要求，有时候不仅能满足自己的心意，也会让那些和你在一起的人感到轻松。

保持一份无私而友善的情怀时，也要适时地“自私”一下。

人们总有一种下意识的思维：将自私和冷酷无情、只为自己等词语联系在一起。事实上，做善事不一定就代表你是一个心地善良的人。一个自我标榜自私的人所做的善事，更可能是出于自己的真心。所以女士们，不妨将自己放在第一位，做一个“自私”的女人。同时在必要的时候，你又应该是一个无私的人，将自己的善意恰当地传给他人。这种发自内心、不带任何勉强成分的善意，更能让你体会到作为一个施予者的快乐。

尊重自己的意见，善待自己的心灵，做一个爱自己的女人。

在如今这个充满个性和张扬自我的年代里，你的好心和一味迎合往往适得其反，不但得不到你想要的结果，还会成为别人漠视你的理由。女士们，你们应该知道如何尊重自己，对自己的了解和把握也许更能赢得平等的友谊和爱情。所以，不去违心地迎合别人，做一个“有我”而不“独我”的女人。

打是亲骂是爱，受点批评有益无害

女士们，假如有人对你进行严厉的批评指责，甚至骂你是“一个笨蛋”，你会怎么办？是恼羞成怒，还是伤心委屈？还是用其他更巧妙的方式来化解？先别急着回答，我们不妨看看林肯是怎么处理的。

林肯当政时，爱德华·史丹顿是他的陆军部长，两个人一直合作得很好。但有一次，史丹顿称林肯是“一个笨蛋”。这是怎么回事呢？

原来，史丹顿之所以生气，是因为林肯干涉了史丹顿的业务：为了取悦一个很自私的政客，林肯签发了一项命令，调动了某些军队。对此，身为陆军部长的史丹顿不仅拒绝执行林肯的命令，还大骂林肯签发这种命令简直就是笨蛋的行为。

有人急忙将史丹顿的话跑去报告总统。没想到林肯却平静地说：“如果史丹顿说我是一个笨蛋，那么我一定是，因为他几乎从来没有出过错。我得过去看看这到底是怎么一回事，我究竟错在哪里。”

接下来的事情让史丹顿也没有想到。林肯果然跑去见史丹顿，认真听取了他的意见。当他知道自己签发了错误的命令时，立即收回了该命令。

后来过去很长时间，当再次谈及这些的时候，史丹顿仍然感慨良深地说："从那件事中，我可以看出林肯是一个服善之人，只要批评是出于善意的，而且言之有物，他都会非常欢迎。"

不得不承认，人的本性都是偏向于自我肯定的，因此，当人们听到他人对自己的批评时，下意识地就会不服气。

其实，很多时候对于我们来说，批评是一件好事。因为它可以让我们明得失，省自身，从而加强我们对自身的正确认识。从这个意义上看，他人的批评可以看做是对我们个人成长的褒奖和鼓励。愈是成功的人，受到的批评与不满就愈多。

可能有人会说，我们确实应该接受正确的批评，可当我们受到不公正的责备时，又该如何呢？同样是林肯说过的一句话："对任何攻击，我们无动于衷，这件事就会到此为止。"是的，如果到最后，结果证明你是正确的，那么所有的责难都不具有任何意义；反之，如果你是错误的，就要虚心接受批评，改正自己的错误！

施莫特力·巴特勒年轻时曾是美国海军陆战队的少将，他求功心切，渴望给每个人都留下良好的印象。那时，只要遭受一点批评都会使他难过好几天。好在30年的海军陆战队生活，把他磨炼得坚强多了。他说，曾有人批评他像一条狗、蛇或臭鼬。但是现在再听到有人骂他，他都懒得回过头去看一眼是谁。

罗斯福总统的夫人在少女时期是一个害羞的女孩，总是害怕人们的闲言碎语。对于别人的批评，她更是担惊受怕。为此，她去请教罗斯福总统的姐姐。姐姐看着眼前这个稚嫩的小女孩，一字一句地对她说：“只要相信自己做的是对的，就不要在意别人怎么说。”姐姐的这句话，成了罗斯福总统夫人日后在白宫岁月中的座右铭。

美国国际公司总裁马休·布鲁斯曾经和我有过一次较为深入的交流。他告诉我，自己年轻时确实也会对别人的批评十分敏感，当时他渴望全公司的人都认为他是完美的。如果得不到这样的认可，他就会很烦恼。实际上，后来他认识到这是因为自己缺乏自信才导致的。

年轻的布鲁斯为了取悦第一个有反对意见的人，往往会得罪另外一个人。于是，他就挨个去安抚，结果是一群人都有意见。最终他发现，试图安抚更多的人，只会得罪更多的人。经过了这些事以后，他告诉自己：你身为领导，就要想办法去习惯那些注定要来的批评。你只管尽力而为，撑起一把伞，让批评之雨顺伞滑落，而不是让雨流入脖子里，让自己难受。

美国作家迪莫斯·泰勒在这方面显得更有自信。他曾在每周日下午的一个电台音乐节目中做评论。有一天他收到一位女士的信，信中指责他是“骗子、叛徒、毒蛇和白痴”。泰勒在他的著作《人与音乐》中提到这件事：他怀疑她可能是随意说说的，于是在下周的广播节目中，他向所有的听众读出了这封信。没过几天，他又收到了这位女士的来信。她仍然没有改变自己的想法，还是咒骂泰勒是“骗子、叛徒、毒蛇和白痴”。这一次，泰勒又在节目中谈到了这件事，后来就再也没有收到过类似的信件。

各位女士，你就是你，你的生活属于自己，你有权利选择怎样做人做事，不用太在意他人的批评。无论是面对排山倒海般的各种攻击，还是那些恶意的侮辱批评，如果你对于这些事不做任何回应的话，它就会不了了之的。

Chapter6 用成熟这把钥匙拧开幸福的门

做你自己。请接受作曲家欧文·柏林给乔治·盖希文的忠告：“你最好不要接受这份工作，因为这个职务最多把你造就成一名二流的欧文·柏林。只要你坚持做你自己，终有一天，你会成为第一流的盖希文。”我真心相信幸福的最大秘诀就是——肯定自己的价值观。只要我们坚守自己的价值标准，我相信百分之五十的烦恼立即可以消逝无踪。

——戴尔·卡耐基

走一步看一步，精打算稳做事

各位女士，回想一下你是否有过这样的时刻：当你的脑子里出现了一个构想时，立马会有一个反对的念头出现。就算是想做好事，心中也会有另一个自己在说："这件事值得做吗？"于是，你可能很快就否定了这个想法。想做坏事时，心中的另一个自己又说："如果你这样做，这辈子就毁了。"于是，做坏事的念头就被阻止了。不管好坏，我们似乎总是在跟心中的自己商量一些事情，哪怕只是吃饭和睡觉这样的小事。

要克制不成熟的念头，最重要的是对坏事要"知所为而不为"。我们身处复杂的社会中，不管在哪儿，都会遇到行为不正的人。这些人自以为头脑好使，认为自己得到的回报太少，就变得不安分了，并产生一些不正当的想法，并付诸实施。最后，"聪明反被聪明误"。他们的下场往往很悲惨，比如工作失败、家庭破裂，个人理想更是无从谈起了。

我相信，每位女士都希望成为一个美丽而优秀的女人。既然如此，就要成熟起来，控制自己的意志力，不要为了一时名利而产生不好的念头。纵然产生了不好的念头，也要努力克制，不去做。同时，还要明辨是非好坏，少接触那些行为不正的人，以免受影响。同时，为了不陷入可怕的陷阱里，女士们还要注意少接触并不要成为符合以下几种条件的人。因为多数品行不好、思想不成熟的人，都符合这些条件：

1. 喜欢赌博。

2. 生活浮华。

3. 花天酒地。

4. 家庭环境不好。

5. 不守时，不守约。

6. 不知把握机会。

7. 态度不稳重。

8. 喜欢虚张声势。

9. 大量使用公司交际费。

10. 过不合自己身份的奢侈生活。

11. 态度突然转变，神色不自然。

12. 过去有“前科”。

13. 公私混淆不清。

14. 生活昼夜颠倒。

15. 办事要收红包。

在成长的过程中，希望每位女士都能够不断克制不成熟的念头，减少生活中的过失，做一个沉稳、淡定、美丽的成熟女人。

香肩虽软，也能担重量

16世纪，人们就开始追捧星相学，随之而来的是无辜的星座开始不断被人怪罪。当时，人们应付困难和不幸时最常说的就是："我的星座不好。""没有幸运的星座保护我。"对此，莎士比亚在《凯撒大帝》的剧作中，借卡西阿斯之口说出自己的判定："亲爱的布鲁特斯，我们位低人卑，但这过错并非由我们所属的星座造成，而是由于我们有一种听命于人的习惯。"

我的小女儿唐娜刚刚学会走路的时候，有一天，她搬着一张小椅子进了厨房，试图站在上面去拿冰箱里的东西。看到这一幕，我赶紧跑了过去，害怕她一不小心摔下来。即便如此，我还是晚了一步，她重重地从椅子上摔了下来。我扶起唐娜，看她有没有受伤，可她这时却恨恨地踢了椅子一脚，嘴里还气冲冲地骂道："都是这把坏椅子，让我摔倒了。"

如果你稍稍留心，就会发现，小孩子经常会做出这样的举动。他们总是习惯找个借口来转移自己的责任。小孩子都会有点任性，明明是自己犯了错，却偏要责怪那些没有生命的物品，或是无辜的人。对他们来说，这可能是很自然的行为。可是，如果到了成年还在延续这样的行为模式，那就成问题了。人类自古就有一种不良倾向，即把自己的失败和过错推卸到别人身上。就连亚当在面对上帝责问为何偷吃禁果时，也会拿夏娃做挡箭牌："都是这个女人引诱我，我才吃了。"

可是，为什么还是有那么多的人喜欢推卸自己的责任呢？这也不足为奇，跟自己担负责任相比，责怪别人更加轻松和容易，事情也更好办。审视一下自己的生活，你就会发现，如果我们需要找借口的话，那真的太容易了，可以责怪环境、父母、老师、老板、上司、丈夫、妻子、儿女，甚至还可以责怪祖先、政府乃至整个社会。若实在找不出借口的话，那还可以责怪命运，说它不公平。

不成熟的人，似乎永远都在找理由为自己的错误和不幸开脱。当然，这些理由都是外界的因素。比如一个非常悲惨的童年，太贫穷或是太富有的双亲，父母太过严厉或是太过放纵的管教，没能接受良好的教育，抑或是忍着着疾病的折磨等等。也有些人，总在抱怨自己的爱人不理解自己，或是运气太差，得不到命运之神的眷顾，似乎全世界都在跟他们过不去。事实上，他们只是在找替罪羊，他们从来没有真正想办法去克服自己遇到的挫折和困难。

我记得，曾经有一位女学员在培训课程结束后对我说，她的记忆力特别差，不管怎么努力，也记不住课上学的那些东西。她还说，要提高她的记忆力几乎是不可能的事，因为她家族里的人都有这样的问题，属于遗传因素。所以，她根本不相信自己在这方面会有多大的改善。

我很坦白地对她说，这根本不是遗传的问题，而是惰性的问题。她的潜意识里一直认为，想办法努力提高自己的记忆力是一件很难的事，如果把这件事归结到父母或家族的遗传因素上，会让她感到轻松。为了证明这一点，我特意做了一个试验。

我用了几分钟的时间，帮她做了一些简单的记忆训练。当时，她练习得非常专心，效果也很好。之后，我又花费了一些时间，说服她，并使她对自己有了新的认识，并认同自己的记忆力可以通过训练来改善。我非常高兴，如此她就不会再一味地找借口为自己开脱了。

身为父母，如果只是把记忆力不好的问题遗传给孩子，进而被他们责怪，那还算是幸运的。要知道，还有些人甚至把类似脱发这样的小事和日常生活中遇到的各种挫败和错失，都怪到父母身上。

我曾经认识一位女孩，经常向别人抱怨自己的母亲，说她对自己的人生造成了很大的负面影响。她年幼时失去了父亲，守寡的母亲为了维持生计不得不到外面工作。母亲很勤奋，工作能力强，是一位非常有成就的女实业家。母亲对她呵护有加，细心照料，让她接受最好的教育。可结果呢？女儿一点都不领情，还一直抱怨。

对此，我也曾感到疑惑。后来我发现了症结所在。原来，母亲刻意给她的一切，从始至终都让她觉得很难受，像是一种巨大的压力。这种压力源自母亲的成功，她把母亲的成功视为自己的标准，长期以来都生活在这种无形的重压之下。

可怜的女孩认定，是母亲毁掉了她的生活。对于这样的说法，她的母亲也觉得很难接受。她还曾经对我说，真的不清楚孩子到底在想什么。这些年来她付出了许多，一直辛苦地工作，希望给孩子创造一个比她自己当年更好的条件。没想到，这竟然被孩子视为一种压力。

坦白说，如果我是这个女孩的母亲，我真的很想好好教训她一顿，让她恢复理智。家境的好与坏，与个人成就之间没有直接的关系。乔治·华盛顿出身很好，家境富裕，可他一样出人头地，还成了美国第一任总统。他似乎从来没有抱怨过父母给曾给自己造成过什么压力和难以解开的心结。

女士们，在日复一日的生活中，如果你希望自己不仅仅是年龄增长，而且还能掌握成熟的智慧，那么请你一定要记住成熟的法则之一：为自己的行为负责，勇敢地承担起相应的结果。遇到困难、有了过错的时候，绝对不去找推脱的借口。做到了这一点，你才真正迈进了成熟的大门。这种勇敢承担的气质，亦会让你的心灵变得越来越强大。

冲动是魔鬼，三思而后行

三思而后行，对于情绪易冲动的人来说，这是一句应该牢记在心的至理名言。凭借一时的情绪、偏见或冲动，就不计后果地采取行动，实在是一种不成熟的表现。当我们遇到问题时，需要静心分析、理性思考、合理判断，然后才能做出决定，进而采取行动，这才是明智而妥当的。

试想，如果医生还没有经过诊断，就草率地给病人施行手术，结果会怎么样？诚然，在某些情况下，快速采取行动是雷厉风行的作风，但作为成熟的女人也应该懂得，行动的成功与失败往往都是基于事先的判断。

有一次，我去访问霍克斯先生，他是哥伦比亚学院的院长。走进他的办公室，我真的很意外，像他这样的大忙人，办公桌上竟然很干净，连一份文件都没有。我很疑惑，便询问了他："你一定需要经常处理一些学生的问题，或者说要做什么决定。可是你看起来却不慌不忙，就连你的办公桌上都是如此干净。我很想知道你究竟是怎样做到这一点的呢？”

霍克斯院长对我的问题，并未感到意外，他摊开手耸耸肩，然后告诉我，如果要做什么决定，他会集中精力搜集与此有关的一切资料。所以有时候，还没有等他下什么结论，脑海中的决定就自然而然地产生了。

不得不承认，霍克斯院长是个有智慧的人。他的方法的确简单，可遗憾的是，人们总是忽略这一点。孩子们想要穿过马路，根本不顾来往穿行的车辆；想要到海滩上去玩，根本不在乎酷热的天气。对于成年人来说，若只依靠情绪、偏见和一时冲动就不分事实地采取行动，那就和小孩子们的无理取闹毫无分别。

我的一位朋友里欧太太，几年前曾为如何妥善安置她生病的母亲和维持家中的开销，伤透了脑筋。我们来看看她最后是如何解决这些问题的：

当时，里欧太太一直接受她叔叔的经济援助。有一天，她接到叔叔打来的电话，问她能否节省一些开销，或者解雇两个护士，因为他最近经济上有点紧张。这让里欧太太一时间不知如何是好，可她仍然答应叔叔考虑一下就给他回电话。后来，她在回电中表达了对叔叔的感激，也表示愿意减轻他的负担。

里欧太太事后告诉我：“由于我习惯在纸上思考问题，因此我拿出一个本子，将目前所有的收入列出一张表来，包括我自己所有的有价证券收入和叔叔给的接济，然后再列出所有的支出。通过这张表，我发现母亲的衣食并没有花多少钱，那些惊人的庞大开销来自于大房子、两个女护士的薪水，还有税金、保险费用等。也就是说，这幢房子对于我来说，是首先要解决的问题。

“可是，我的顾虑也随之而来：母亲的健康状况越来越糟，我不敢确定搬家对她来说是否妥当；更何况，她曾表示不愿离开这幢房子到别处去度过晚年。这让我感到十分为难，好在，我还要一位医生朋友可以请教。她建议我去找那个离我家很近，路程不过3分钟的私人疗养院的女主人。

“结果我很幸运，她答应用我预算之内的费用来照顾我母亲，而且能看得出，她是个善良又能干的女人。因此，我决定把母亲送到她的疗养院去。

“事实证明，我这样做是对的。母亲根本就不知道自己住进了疗养院，她还以为自己仍然住在家里。那里离家只有3分钟的路程，我可以天天去看她，不用担心因为路远一周才能去一次。母亲得到了更好的照顾，叔叔的经济危机也解决了，我心里长舒了一口气。这件事之后，我知道如果把遇到的问题列在纸上好好分析的话，通常都能得到不错的解决方案。所以此后，我经常使用这个方法。”

女士们，我真的希望里欧太太的故事能给你带来一些启发。如果里欧太太事前没有对事实进行充分的分析，贸然地采取行动，最后可能会对母亲造成伤害，也可能无法妥善解决叔叔的财务危机。所以说，事前进行详细的分析，三思而后行，是非常有必要的，也是有效解决问题的保障。

一位女士曾经向我倾诉过她的烦恼，她怀疑丈夫在外面爱上了其他女人。她内心很矛盾，也很犹豫，不知道是该把自己的怀疑坦白地告诉丈夫，跟他好好谈一谈，还是干脆带着孩子回到父母那里。

我问她，为什么会有这样的怀疑。她说，丈夫的表现很不正常，定是有什么事情隐瞒着她。因为，他过去是一个很容易相处的人，可现在他动不动就发脾气，甚至还经常指责她。他说自己工作很累，需要加班，根本没精力再陪她逛街，他甚至连结婚纪念日都不记得了。现在的丈夫，让她觉得很陌生。

听她这样说，我也觉得事情似乎不太对劲。但我还是劝她最好冷静下来，不要胡乱猜疑，也不要贸然行动，应当先查明缘由。我给她两个建议，一是请医生为她丈夫做一次体检，另一个建议是要她设法查明她丈夫是不是在工作上出了什么差错。

结果确实如我所料，她丈夫被查出患有某种疾病，急需手术治疗。好在手术后不久，他的健康就恢复了，他的脾气也和从前一样和善，他们的家庭生活又恢复了往日的宁静与温馨。就这样，一件本可能会变得很糟糕的事情因为冷静思考、谨慎行事而得到了圆满解决。

所以，各位女士，请记住：一个人的行动能力是他心灵走向成熟的标志。在此之前，我们必须学会全面考虑、谨慎拿捏，然后再采取行动，而不能草率地想起什么就去做什么。

听自己的话，走自己的路

伟大的不服从主义者拉尔夫·华托·爱默生曾经说过一句话，对那些喜欢盲目跟风的人来说，无疑会产生极大的震撼作用："想要做人，就要永远做一个不服从主义者，最终你将获得心灵的完美，除此之外，一切都不再神圣……我之所以犯下无数的错误，都是因为我放弃了自己的立场，而从别人的视觉来看待事物所致。"

如果将爱默生的这句话进行延伸，或许我们还能得出更广泛的意义：可以从别人的视角来看待事物，但是一定要从你自己的视角出发去做事。从自己的视角出发，可以帮助我们发掘自身的信念，并赋予我们根据这种信念去做事的勇气。这大概就是成熟的益处吧。

那些尚无太多经验的年轻人总是担心自己和别人不同。他们害怕自己的穿着、言行或思想不能被他所属的群体所接纳。比如，青少年的家长们总是会受到下面这些问题的困扰："丽萨的妈妈允许她化妆"、"我们这个年纪的女孩子都出去和男孩子约会"、"难道你想让我变得稀奇古怪吗？在11点以前回家的人几乎都找不到"……

不盲从多数人的思想，并不是一件容易做到的事。正是由于这样的原因，多数人宁愿随大流，接受大众的指引，既不怀疑也不抗争，享受着被保护的安全感。可他们从未想过，这种安全感其实是在自欺欺人，因为那些追随大众而毫无主见的人恰恰是最容易受到伤害的。

我曾说过，一个人成熟的标志之一正是勇于承担责任。长大成人，就意味着离开父母的保护，开始步入一个更加广阔的天地。真正成熟的人是不必因害怕而盲目顺从的，也不必在群体中掩藏自己的个性，更不必毫无主见地接受别人的思想。

能够自主地安排自己的生活，不需要别人来提醒自己的立场，在需要坚持的时候，坚定不移；为了自己的理想，义无反顾地走下去，不管别人怎么想。这样的人，往往有一颗强大的内心，使他能够排除所有的障碍，勇往直前。这种勇气正是站在大众的对立面所需要的；一个不盲从大众思想、处于劣势而依然能坚守信念的人，才是内心成熟、有担当的人。

艾德格·莫瑞曾经给出这样的忠告：“不要否定个人至高无上的价值。因为这种否定，就像纳粹主义的专制。如果美国人的个性会因为威胁恐吓或贿赂收买而放弃的话，那么他们对以普通百姓为基础的政府的敬意又从何而来呢？”

帕西·斯宾德爵士，曾担任过纽约基尼克塔迪联合学院和联合大学名誉校长，还曾担任过澳大利亚驻美国大使，他在任职期间说过：“只有拥有生命，我们才能完全施展我们的才华。如果想让自己的生命富有价值，那么我们都应该履行对国家、社会和家庭的特殊义务，这是十分必要而正当的；而且，在这个注重秩序的社会中，也只有能够承担起这些义务，我们才会有权利和机会去表现我们的才能和个性，进而在为我们自己和我们所爱的人、我们的同胞，以至全人类创造幸福的过程中发展自己的特性。”

反观现代人的生活，在生产过剩、科技发达、教育良好的社会中，能够清楚地认识自己，了解自己，似乎变成了一件很难的事。而要想真正地成为自己，就更加难以实现。我们已经习惯于按照一定的类别来划分人，例如：“他是工会的人”，“她是某某职员的妻子”，“他是一位自由派人士”或“一个持不同政见者”。我们在给别人贴上标签的同时，也给自己贴上了标签。

普林斯顿大学校长哈罗德·W.杜斯先生，对于“不顺从会屈服于顺从”的问题，非常关心。他的毕业生演讲题目是：作为个人而存在的重要性。对此，杜斯校长特别提醒毕业生们说：“不论强迫你顺从于他人的压力有多大，如果你能够真正成为你自己的话，你就能体会到，无论你对于屈服做多么合理的解释，你都不会成功，除非你愿意舍弃你最后的资本，那就是你的自尊。”随后，他给出的结论更是令人深思：“人类只能在自己的内心当中找到答案：他为什么来到这个世界，他在这个世界上应该做什么，以及他将去往何处。”

只有一颗成熟的心，才能够深刻地感知到这种潜能；也唯有一个成熟的人，才有可能拥有一份高尚的自豪感，他们宁可只比天使低一点，也不愿只比猴子高一点，不管面对什么样的境遇，他们都坚持顽强而勇敢地活下去。成熟的人，永远不会在生活中选择盲目顺从，因为他们认为那不过是那些茫然无从者的护身符；他们的心灵早已和爱默生达成了一致：“个人心灵的完美，是最为神圣的。”

各位女士，如果你想使自己走向更加成熟的人生，就请记住这项法则：不要盲目因袭。

女主角，
你想演喜剧还是悲剧

女士们，如果有人问你：在这个充满机遇的时代，你是否相信，只要付出了、努力了，就可以得到自己想要的东西？你是不是会说，你相信这是对的，也会为了目标而不懈努力？

那如果换一种情况呢？你现在失业了，没有钱，也可能很长一段时间里都找不到工作，你心里对那个未知的目标和梦想，还会充满信心和动力吗？还会依照原来的信念继续坚持地走下去吗？

我觉得，这是一个值得深思的问题。一旦你彻底弄明白了这个问题，你会变得更加成熟。不要怀疑，莉莲·海德里太太的故事，会给你带来启发。

莉莲·海德里太太和多数女人一样，是一个幸福的妻子和慈爱的母亲。也许，她一生的生活都将在这样简单而宁静的氛围中度过——如果没有那场从天而降的车祸。

在一次外出旅行中，她所坐的大巴车突然翻到了深沟里。医生对她说："您要有个心理准备，您的脊椎硬化非常严重，也许在五年后，您一点都不能动了。”

“听到这个消息，我简直惊呆了，”海德里太太说，“一直以来，我都是一个快乐而活跃的人，我喜欢到处去走走看看。尽管我是受着‘遇事不要慌’这样的教育长大的，可在那种情况下，我怎么能无动于衷呢？一天、两天，一周、两周，我所有的勇气和乐观就这样在漫长的等待中被消耗殆尽了。我感到无比恐惧，我觉得自己越来越脆弱。

“有一天早晨我醒来，头脑异常清醒。我对自己说，五年是一段不短的时间，就算有一点希望，我也要紧紧抓住。也许依靠先进的医疗手段，凭着乐观的心态和坚强的意志，我还能恢复健康呢。我不想就这样放弃自己。在这种信念下，我马上打起了精神，为了改变自己的生活，我挣扎着从床上爬起来。这样的声音无数次地出现在我的脑海里，我不停地对自己说：向前走，向前走，向前走！

“现在，事情已经过去五年半了。最近我又去拍了片子，医生告诉我，我的脊椎没有任何问题，要我继续保持乐观的生活态度，向前走。这就是我最大的信仰，只要我依旧可以行动，我就不会停止前进的脚步。”

最初听到海德里太太的故事，我真的被打动了。我不知道，你是不是也跟我一样，有着相同的感受，就像是获得了一种力量，这种力量激励着自己像她一样坚定信念、勇敢向前。其实，我们成熟人格的形成并非要依靠信念本身，教条是没有任何用处的。只有在信念的指导下去改变我们的生活，我们的信念才是有价值的，才能塑造出我们成熟的人格。

伦纳德·特伦查德也是一个坚定信念的人。1928年，住在密苏里州的特伦查德继承了他父亲价值十万美元的遗产。可是不到10年，他就破产了。事情的经过是这样的：

“我有一个富有而不吝啬的父亲，”特伦查德先生写道，“上高中时，我一需要钱，他就给我一张支票让我随便填写。等我读到伊利诺伊州立大学时，对签支票已经十分在行了。大学毕业后，我对钱没有任何概念，更不用说让我去自己赚钱了。我所会的谋生本领，只是用父亲的银行账号签支票而已。

“父亲去世后留给我一笔遗产，其中包括沿密苏里河尽头靠近莱克星顿、密苏里的广阔土地。起初我独自料理着农场，但很快，战争造成的经济大萧条席卷了全国。接手农场的第一年我就入不敷出了，无奈之下，我只好把一块土地抵押了出去，然后到银行借钱重开账户，付账单。没想到这样下去不但没有帮我解决眼前的危机，而且形势每况愈下，我只好赔钱卖掉作抵押的土地。就这样，一旦没钱了，我就把土地抵押出去，或者把农场卖掉。

“终于，到了清算总账的那一天，我才猛然发现自己已经一无所有了——也就是说，如果我要生存下去，就必须出去找份工作。可是天啊，从小到大我哪儿干过活啊！我慌得一夜一夜都睡不着觉，我不知道自己应该怎么过以后的日子。

“一天夜里，我又从噩梦中惊醒，我开始仔细思考自己所面临的困境。来自心底的一个声音告诉我，小伙子，你没有退路了，你已经长大了，你应该像个真正的男人一样自己去干点活了。

“我想到了我一直坚信的东西。我相信这个世界到处都是机会，只要你努力就会有所收获。尽管经济形势不好，没有太多的工作机会，可我仍然有自己的优势。我身强体壮，大学毕业，还做过生意，在失败中我汲取了大量的经验教训。我现在必须要重新站起来有所行动，而不是一味地抱怨，浪费时间。

“我改变了自己的思想，并重新调整了生活。可这并没有帮助我很顺利地找到工作。每当快要坚持不下去的时候，我都给自己灌输这样的信念：不要怀疑自己，不要恐惧，要坚信自己的想法，一个像我这样锐意进取的人一定能找到适合自己的工作的。正是这样的信念支撑着我继续走下去。

“我坚定不变的信念果然帮我找到了一份工作，在堪萨斯州联合保险公司，我快乐地工作了四年。之后我辞职回到农场，继续做我喜欢的行业。这一次就比较顺利了，随着时间的积累，我的信誉度一点一点提高，我慢慢地扩大了自己的经营范围，还勇敢地涉猎了其他行业。此刻，我比自己当初想象的还要成功。我得感谢年轻时那些失败的经历，是它们让我有了现在的成熟，明白应该怎样做事。

“刚开始我把父亲留给我的产业折腾得精光，现在，我靠着自己的努力，又把它赚回来了。更重要的是，从中我明白了一个伟大的真理：我们必须要有信仰，但不能空喊口号而无任何行动。因为，这种做法和没有信仰没有什么区别。”

一个娇生惯养的男孩在现实面前突然长大，并且懂得必须用行动去实践他的信仰。耶稣说：“从其结的果实可以看到其本身。”是的，我们的行动反映了我们的信念，行为可以证明一切。世界上高尚的人生哲学有很多，如果我们没有在它的指导下生活，我们就没有从中得到任何教益。所以，我们应该成为无论如何都坚定信念，永不放弃的人。

大胆向前走，女子无惧便是德

我在荷兰首都阿姆斯特丹一座教堂里看到过一句话，感触颇深："如果事实就是这个样子的，那么就接受它吧。"是的，在漫长的人生岁月里，不开心、不愉快的事情是我们每一个人都会遇到的。即便我们再不希望它发生，但是它们却已经真实地存在那里了。面对这样，该怎么办呢？

我想，任何一个成熟的女人，肯定深谙上面那句话的意义，她们懂得如何去接受并努力改变已经发生的不顺与不幸。如果一味在心里拒绝和回避，那么我们只能被忧虑摧毁，甚至最后被弄得精神崩溃。

威廉·詹姆斯是我非常欣赏的一位哲学家，他说过这样一句话："要乐于承认事实就是这样，接受那些已经发生或者不可避免的事实，这是克服随之而来的任何不幸的第一步。"我想，每位女士都该记住这句话，它会在你感到无助和彷徨的时候，给你力量。

下面我要讲讲莎拉·班哈特的故事，她就是通过这样的方式，让自己坦然接受生活中的不幸。在这个坚强的女人身上，我想你肯定能够感受到一股强大的力量。

作为四大洲剧院独树一帜的“皇后”，莎拉·班哈特一直深受广大观众喜欢，她做演员许多年，就当她正准备为自己的演艺生涯来一场完美谢幕的时候，不幸的事情悄然降临了。当时的班哈特已经71岁了，她破了产，腿也出了毛病，主治医师告诉她，必须把腿锯掉。

这到底是怎么回事呢？原来，班哈特在横渡大西洋的时候正好赶上了大暴雨，结果滑倒在甲板上，腿部受了重伤，不幸得了腿部痉挛以及静脉炎等疾病。虽然后来经过治疗没有危及到生命，但因为伤势非常严重，加之考虑到她的年龄和体质，医生建议她把腿锯掉。对于莎拉·班哈特来说，没有了腿就意味着她演艺生涯的结束，所有人都很担心班哈特接受不了这个事实。然而出乎大家意料的是，当医生把这件事告诉班哈特时，她只是看了他很久，然后非常平静地说：“如果除了这样没有其他办法的话，那也只好这样了。”

做手术那天，家人和朋友都在班哈特被推进手术室时哭泣。然而，躺在病床上的莎拉·班哈特却只是朝他们挥了挥手，微笑着说：“我马上就会出来的，在这里等我。”

手术后不久，莎拉·班哈特就恢复了健康。虽然她失去了一条腿，但是她没有放弃自己的理想和追求，她的观众仍为她鼓掌呐喊，直到她去世为止。

爱尔西·麦克密克在《读者文摘》中曾经说过：“当我们不再反抗那些不可避免的事实时，我们就可以省去很多精力，从而创造更丰富的生活。”这句话说得太好了。接下来，我还要说说布斯·塔金顿的故事，他也是一位敢于直面不幸的人。

布斯·塔金顿是一个70多岁的老人。有一天，当他低头去看地上的彩色地毯时，发现自己的眼睛一片模糊，根本看不清上面的花纹。他被家人送到医院检查，一位眼科专家经过诊断告诉塔金顿：他的视力正在减退，恐怕过不了多久他就看不到东西了。

面对即将失明的打击，家人都很担心塔金顿会因此而伤心欲绝，好像自己这一辈子就这样完了。然而，塔金顿本人是怎么想的呢？或许，连他自己都觉得很意外，他非常坦然地接受了这个不可避免的事实。塔金顿以前总为他的眼球里浮动着一些“黑斑”而感到心烦难过，因为当这些“黑斑”在他眼前晃动的时候，他几乎什么都无法看清。而现在，当那些大黑斑从塔金顿眼前晃过的时候，他会非常幽默地对自己说：“今天天气这么好，黑斑老爷爷又出来了，但是不知道它今天想到哪儿去。”可是，塔金顿的身体并没有随之好转，他慢慢地失去了所有的视力。对于这样的结果，他没有感到太多的痛苦，因为在他完全失明之前就早已做好了接受这个事实的准备。

为了让自己的视力尽可能恢复一点，塔金顿在一年内要接受12次手术。每一次手术都是高难度的，稍有不慎，塔金顿就会永久失明了。那么，塔金顿对于这样的手术有没有觉得担心呢？没有。因为他知道，担心不会起到任何积极的作用。于是，塔金顿心情放松地住进了医院，并且很坦然地接受了这些手术。后来，他终于恢复了视力。

塔金顿的经历告诉我们，接受那些不可避免的事实，能够帮助你克服那些生活中的不幸。然而非常遗憾的是，对于眼前的事实，很多女性并不懂得怎样去接受，她们或是加以抗拒，或是变得退缩不前。这样做除了会让你变得更加悲痛外，是不会有任何好的效果的，而这也正是她们不成熟的表现。

各位女士，必要的时候，我们应该让自己拥有这样的能力：能够忍受眼前的灾难以及悲剧，甚至还要战胜它们。培养出坚强、从容、淡定的品格，女人才会显得更加动人。

傲然独立，做那朵盛放的腊梅

关于克服生命中的障碍的故事，我想说说一位实业家的经历。

J. 卡里顿·葛瑞菲斯是来自新泽西的实业家。一次，他开车途径莫瑞斯城时，看到一个人正要穿越十字路口。当他发现，对方是一位由导盲犬陪伴的年轻女盲人时，他远远地就踩住了刹车。

然而，让他没想到的是，过了一会儿有个人走到他的车旁边，是那个女盲人的指导员。他告诉葛瑞菲斯，以后不要再那么做了，如果他远远地就踩住刹车，导盲犬会认为这是正常的情况，并且记在脑子里，这根本达不到训练的目的，它要做的应该是避开车辆。如果训练失败了，那么总有一天，会有盲人被没停下来的车子撞伤。

许多盲人都在这些可爱而又伟大的动物的帮助下，克服障碍，走向正常的生活。拒绝向障碍屈服的盲人，都是内心成熟的人，在黑暗的世界里，他们没有放弃自己，也没有想过依靠他人的接济来生活。他们愿意为自己负责，不绝望，不找借口。

罗伊·L.史密斯曾经写过一本他取名为《圆满的一生——死神门前徘徊》的传记。这本传记写的是艾莫·荷姆斯的故事。

艾莫·荷姆斯在俄亥俄州韩特斯维尔出生时，一个乡下医生断言，这孩子肯定活不了。然而，荷姆斯创造了奇迹，他活下来了。尽管他的右肺受到了严重的伤害，尽管他在90多年的生命历程中不断地遭受病痛的折磨，可他仍然坚挺地活着。由于身体原因，他无法做那些粗重的劳动，所以他选择了阅读。1891年，当时的荷姆斯28岁，他到卫理公会做教师。期间，病情连续发作了两次，可他依然没有放弃生存下去的念头。他的故事，引起了巧克力制造商约翰·S.胡伊勒的关注。胡伊勒先生向他提供金钱方面的帮助。几个月后，这个被认为一定得死的人，走出了疗养院，回归到正常的生活。

荷姆斯开始到教堂筹募布道基金，帮助各个医院和大学。这位只有一个肺的教师，为他的目标筹集了300多万元的美金。69岁那年，他“退休”了，此后又布道1000多次，写了两本书，为宗教和慈善的目标筹募了50万美金，为20个机构担任董事，个人还捐出5万美元，在加州大学附近修建了一座教堂。

对于艾莫·荷姆斯来说，他的字典里从来没有过“障碍”一词。他只知道，自己还活着，并且有自己的目标。

萧伯纳很不喜欢那些经常抱怨环境不好的人。他说道：“人们总是抱怨环境让他们变成了现在的样子，我根本不相信，这完全就是一套借口。这个世界上有成就的人，总是自己去寻找有利的环境，如果找不到，他们就自己创造。”

其实，如果每个人都把心思放在找借口上，那么他总能找到各种各样的理由。坦白说，我年轻的时候，也做过类似的事情。我为自己的烦恼找了理由，那就是我比大多数的同学个子要高。但最后我明白，不成熟的人，总把个人的不同之处看成是障碍。如果我们把自己的与众不同看成障碍，那么到最后它们真的会成为障碍。事实上，真正的成熟，是要认清楚自己和他人的不同之处，然后培养自己的个性。我希望，女士们都能记住这一点。

懂世故而不世故，保留心底那点天真

在这个四处充满活力的国家和强调年轻的时代，许多上了年纪的女性会感到很沮丧，甚至觉得自己因为年龄而被环境架空了，被时代遗忘了。然而，年龄真的是阻碍吗？

几年前，一位74岁的矮小女人来到了我的培训班，她十分迷茫，说她不知道今后的日子该怎么过下去。这位女士退休前是一位教师，手里没什么积蓄。我认为，对她来说，如果能够继续工作的话，那么无疑能帮助她恢复良好的精神状态，也可以帮她解决一下经济上的问题。

她说在教书的时候，除了做好本职工作，她还经常去一些幼儿园给孩子们讲故事。听到这些，我很高兴，我觉得她依然可以做这些事。于是，我建议她，重新开始自己的事业，重新去给别人讲故事。

受到我的鼓舞，她很高兴，马上开始了她步入老年后的新事业。她也想明白了一件事，年龄未必就是障碍，相反，她现在的能力比年轻时更强。因为有了丰富的经验，所以她所讲的故事更加动人。

她主动找到为促进美国文化做了很多贡献的福特基金会，提出她要为幼儿园的孩子们拟定各种“说故事时间”的计划。她把这份计划的意义详细地解释了一下，并且现场为他们讲述了故事，最后让他们全然接受了她的整个计划。现在，这个女人满怀着热情和信心，就像所有的年轻人一样，四处去给孩子们讲故事，给成千上万的孩子带去了快乐。

我想，如果女人能够消除内心的恐惧，把所有的精力都置身于心灵成长和精神成熟上，就算是身体退化了，但心灵依然会和年轻时一样，有着非凡的活力。就像我一个朋友曾经对我说的那样：“我怕的不是年老本身，而是伴随着年老而来的那些不愉快的感受。我讨厌自怜，抱怨，像婴儿一样地求得别人的关注的生活。我宁愿死掉，也不想像那样活着。”

英国哲学家伯特兰·罗素，是一个身材瘦小、充满激情的人。他在90多岁时，抱怨说自己已经不能一次走超过5英里的路程了。他说：“许多人在退休之后不久，就因为无聊而死去了。但我相信，那些享受人生的人不会那样。因为，一个有足够生命力活到老年的人，如果不能继续保持活跃，他很难活得快乐。”

缔结凡尔赛合约时的意大利首相维多瑞奥·艾曼纽尔·奥兰多，在94岁高龄时，仍然每天工作10小时，同时他还担任意大利议会的议员，为一家成功的法律顾问公司做主持人，还担任律师公会的理事长，以及罗马大学的教授。意大利的另一位前任首相法兰西斯·尼蒂，在86岁时，也是每天工作10个小时。

世界上伟大的外科医生之一拉斐尔·巴斯安里利博士，在90岁的时候，每天的行事连年轻人看着都会觉得累。他一周要在他的私人医院进行三次手术，帮助那些有需要的病人；他每天有固定的上班时间，搞研究，自己开车，驾驶私人飞机。要知道，他从30岁起，就开始饱受风湿性关节炎、胃病和失眠症的折磨啊！

芝加哥大学生理学荣誉教授和国家科学院医院研究中心主持人安东·朱利斯·卡尔逊博士，在80岁的时候，每天依旧花费9到10个小时的时间来研究老化的问题。年纪已高的卡尔逊博士照顾自己的方法是，把每天工作的时间从15小时削减到9至10个小时。

活力不仅仅是男性的专利，年老的女人也同样可以如此。

英国科学院临床心理学部门的第一位女性主持人，爱丽丝·海伦·鲍尔博士，在84岁时，每天的工作依然被安排得满满当当。她每天下午睡1个小时的午觉，但她每天都工作到凌晨2点才休息。著名的翻译家奥利维亚·罗瑟蒂，80岁时每天工作16小时，只睡6个小时。

这种在高龄时仍然从事重要工作的人，实在太多了。他们对生命的热爱，他们那些不以年龄为阻碍的经历，对每位女士而言，都是一种启示。如果别人能够突破年龄的困扰，那么你和我也都可以。希望你们能够记住社会学家大卫·雷斯曼所说的一句话："像伯特兰·罗素或托斯卡尼尼这样的人，其精神上的活力能使得肉体保持活跃……"

是的，学者和专家们不断地发现证据以证明老年不是衰退无助的时期。事实上，它不但不会削减我们各方面的能力，还会使我们年轻时梦想不到的创造力被成功地唤醒。如果每个女人都能够以不断地成长作为目标，那么她就能够快乐、优雅地过一生。到了晚年的时候，也会真正地领悟到罗伯·布朗宁说的那句经典名言："人生的前期，是为后期而准备的。"

Chapter7 做独立女人，自己的事自己搞定

对这个世界与人类，你必须保持正确的心态。做不到这一点，你不可能真正成功。即使是礼节性的微笑，也是有益的，因为那带给别人的快乐，终必像回力球一样回到你身上。

——戴尔·卡耐基

小女人没主意，大女人敢担当

一直以来，很多女士都错误地认为，只有完全站在他人的立场上，才能换来良好的人际关系。我觉得很遗憾，也觉得很可惜，如果说成熟可以对一个人的成长有什么益处的话，其中最为关键的一条就是：成熟的人有自己的信念。无论结果如何，他都有根据信念行事的勇气，永远不妥协。若是轻易地就放弃了自己的信念，向他人妥协，这是一种软弱，一种没有主见的做法。

著名战地记者和作家埃德加·莫尔曾说过："如果消极的态度，比如圆滑、稳妥，或者是逃避困难等左右了我们的个性，那么，无论我们是什么人，都不能算是一个正直的人。人只有在接受了重任时才能体现出自己的价值，那时，我们才能拥有最大的幸福。"

我非常赞同埃德加·莫尔的说法，就像以前我曾说过的那样：接受责任是塑造成熟人格的首要条件。长大就意味着必须脱离父母的羽翼，独自迈步走向广阔的成人世界；而成熟就意味着这种转变的实现。一个人要想获得真正的自由，就必须主动地迎接生活的挑战，否则只能始终处在被奴役的状态。我们要跳入生活的大海里，努力奋斗，为自己开拓道路。

我们在成长的过程中，会逐渐树立起属于自己的信念和拥有自己的理想，而当我们成熟了之后，就会按照自己的信念来生活。我们应该一直坚持这样的做法，不能让妥协侵蚀了自己的信念，不应该躲在人群中，或是不加审视地、盲目地接受别人的思想。唯有始终做到这一点，才算得上拥有了成熟的人格。

为了自己的理想和信念，敢于站起来大声疾呼，用足够的勇气去支持一种非主流的事业，或是站在潮流的对立面，这才是最勇敢，也是成熟的表现。在这一点上，我很欣赏艾森默那份坚定的态度。

前不久我参加了一个朋友聚会，畅谈中不知不觉就偏离了当天的主题，转到一个颇具争议的问题上去了。对此，几乎所有的来宾朋友们都持一个观点，除了一个人之外。这个人始终客气地回避可能发生的争执，直到有人正面问他如何看待这个问题。他笑着说："我希望您没有问过我这个问题，这是公共场合，而我和在座各位的意见是根本不一样的，可您既然问到了，我就说几句。"接着，他依次亮出了他的观点。

在与众人的辩论中，各种反对声音让他显得是那么孤立无援，对他来说，附和别人的观点似乎更容易一些，可他并没有那样做。他寸步不让，坚持自己的想法，也正因为他的毫不妥协，赢得了人们对他的尊重。

过去的那个年代，人们要靠自己的双手和独立的判断才能活下去。对于那些到西部拓荒的人来说，没有专家可以咨询，没有人可以商量，遇到紧急的事或者危机，他们只能靠自己。生病的时候没有医生，他们只能凭借自己所知晓的医疗常识或者一些土方来治疗。若是碰到印第安人来打劫，也根本不可能指望警察的帮助，他们只能靠自己的力量和智慧去解决这些灾难。要想有个家，他们只能靠自己的一双手。缺乏食物时自己去种地或者去采集。他们对生活中的每一个重大事件都独自做着决定，而且，他们做得相当不错。

然而，回到现在，今天的情况是，我们身边到处都是专家，一有什么事就指望专家给出个所谓的权威意见。逐渐地，我们失去了自我判断的能力，失去了在某个问题上坚持自己信念的能力。当条件开始愈发优越的时候，我们也就愈发放弃了做决定的权利。

不得不承认，“做回自己”是摆在我们面前最难完成的任务。

1955年，澳大利亚驻美国大使珀西·斯潘塞爵士被纽约州斯克内克塔迪市的联合大学聘请为荣誉校长，他在就职仪式上说：“生命给我们将自己的才能发挥到极致的机会。我们欠着国家、社会和自己的家庭的债，生来我们就是来还债的，如果我们不想白活，我们就该义不容辞地偿还我们的债务。这种秩序井然的社会环境是需要我们履行自己的责任，展现自身个性，发挥自身才能的。在追求幸福的旅程中，我们有权利去完善、发展自己的个性。为我们自己，也为那些我们爱的人，为我们的同伴，去完善自己。总而言之，我们为了全人类去完善自己。”

只有拥有成熟人格的人才有能力去欣赏别人潜在的力量。这样的人，决不会让妥协成为现实，因为他们始终坚信：心灵的完整无缺就在于，独立的灵魂是神圣而不可侵犯的。

伟大的不妥协主义者拉尔夫·艾森默说过："想成为一个成熟而有魅力的人，就不能妥协。正直的心是世界上最神圣的东西……我犯了错误是因为我对自己产生了动摇，我想看别人是怎么想的。"我希望，每位女士都认识到这一点，并依照自己的心来生活。唯有这样，你才能够突显你的与众不同，你独特的魅力，拥有属于你的生活。

别让“我”成为伤人的利器

各位女士，我想宠物狗应该是你们大家都不陌生的动物。但不知你们有没有注意到，宠物狗有一种本领，那就是能够在短时间内结交到很多朋友，让大家从心里喜欢它。它是怎么做到那么招人喜欢的呢？这是因为它们懂得和别人亲热，而不是只想着自己。

遗憾的是，很多人都没有意识到这一点，也没有这样去做。各位女士，我想你们一定都照过团体相。在一张集体照中，你最先注意的那个人不是别人，而是你自己！纽约电话公司的一项调查显示，在500个通话中，“我”字大约被用了3900次，可见这是人们最常用的字！

这说明了什么呢？这表明，人的天性是首先考虑到自己。但若是想交到知心朋友，那是不太可能的事。要想结交到真正的朋友，就得学会发自内心地真诚地关心别人。

历史中有很多人都是这样，比如罗斯福总统。正因为他懂得关心别人，所以结交到了很多朋友，甚至连朋友的仆人和他的关系都非常好。

在塔夫脱担任总统时期，卸任的罗斯福有一天前往白宫，去拜访塔夫脱以及他的夫人。然而事出不巧，塔夫脱及夫人都外出不在。这时候，罗斯福没有马上离开，而是诚挚地和每个下人打招呼，甚至连那些洗碗洗盘的女仆也不例外。

当罗斯福走进厨房看到正在工作的女仆爱丽丝的时候，他热情地和她打了招呼，并问她是不是还在烘烤玉米面面包。爱丽丝有些委屈地说："是的，先生，我有时候确实也会烘烤一些，但可惜的是楼上的仆人都不喜欢吃，他们说我烘烤的玉米面面包实在太差劲了。"

罗斯福笑笑，真诚地安慰她说："您烘烤出来的玉米面面包不是每个人都懂得品尝的，等我下次见到塔夫脱总统的时候，我一定会告诉他我闻到的这面包有多香。"这让爱丽丝感觉非常欣慰，她高兴地拿出刚刚烘烤好的面包，让罗斯福品尝。罗斯福拿了几片到办公室去吃，并一路和园丁、工人打招呼，仿佛这些人都是他很熟识的朋友一般。

过了很多年，艾克·胡佛——曾经在白宫当过四十年仆役——回忆起这件事，仍饱含着热泪说："那天当罗斯福和我亲切地打招呼时，我感到这是两年来唯一快乐的日子，即使有人给我一张百元大钞，我也不会和他交换这一天的。"

各位女士，结交到真正的挚友的前提就是你必须懂得关心别人，为别人多做点事情。当然，这是需要花费时间和精力的。也正是因为这样，很多人都不愿意付出，也很少去关心他人。你要记住罗马诗人帕利理亚斯·塞洛斯说过的话："当别人关心我们的时候，我们也在关心他们。"这句话的道理是多么深刻！一个人只有先懂得付出，才能获得回报，才能够结交到真正的朋友。

其实，多关心别人所带来的益处还远不止这些，它不仅可以让你结交到真诚的朋友，还会对你的事业有很大的帮助，爱德华·克赛斯先生就是这样的受益者。

爱德华·科塞斯先生是一家大型医院的老板，他之所以能把公司做大做强，完全得益于他的一位朋友。

十年前，科塞斯先生的医院还是一个不起眼的小诊所的时候，一位二十多岁的小伙子来这里就医。那个小伙子看上去非常潦倒，而且病得不轻。经过交谈科塞斯先生了解到，这个小伙子刚刚失去了工作，而且他的恋人也在这个时候离开了他。这个小伙子现在住在一间不到十平方米的小公寓里，等待着社会福利院的救济。

尽管这个小伙子的情况是如此窘迫，但科塞斯没有嫌弃他。科塞斯每天都去问候那个小伙子，还经常陪他聊天。眼看三个月过去了，感恩节很快就到了，科塞斯知道那个小伙子孤身一人，一定会很孤独，于是便把他请到家里做客。当科塞斯把丰盛的饭菜摆好之后，那个小伙子感动地哭了起来。

那年年底，小伙子就完全康复了。经科塞斯的推荐，他在一家工厂找到了一份工作。他很聪明又肯努力，仅仅用了三年时间就做到了经理的职位。又过了四年，他离开那家工厂成立了自己的公司。没用多久，他就赚得盆满钵满，成了一个百万富翁。但小伙子并没有忘记自己的朋友及恩人——爱德华·科塞斯先生。他不断向科塞斯的医院投资，帮助科塞斯先生把医院做大。结果仅仅用了三年时间，科塞斯的小诊所就发展成为一家能够在纽约市排进前十名的大型医院。

女士们，从科塞斯先生的事例中我们可以看出，正是因为关心别人，科塞斯先生自己也从中获得了益处。所以，要想改善自己的人际关系并且获得他人的欢迎，就必须要丢掉你的自私，用一颗真诚的心去关爱他人。

幸福就是，珍惜得到的，不想看不到的

我们常能看到这样的现象：严肃的律师、富有的商人，他们集万千名望与财富于一身，却仍然整日穿梭于各种繁忙的办公场所，一刻不停地追逐于名利场之中。我曾在一本文摘中看到过这样一则故事：有一个富商拥有99只羊，却整天愁眉苦脸。当众人不解询问时，他才说到自己是在为为什么没有第100只羊而痛苦。当时我是把它当成一个幽默笑话来看。可事后再一想，是啊，我们为什么会经常感到怅然若失？就是因为我们都在为1只羊而愁眉紧锁，却没有为自己的99只羊而感到庆幸和满足。

女士们，让我们换个角度来想想吧：傲人的身材、光滑的皮肤，或许你都没有，但是你有一个爱你的丈夫；过人的财富、绝顶的智慧或许你也没有，但你有光芒万丈的青春、无可限量的前程；完整的家庭、父母的关爱或许是你所期盼的，但你未来还会有依赖、牵挂你的孩子。

这就是生活。上帝是公平的，它给予的是爱而不是施舍，它会眷顾我们每一个人。可以这样说，但凡你觉得自己不幸的时候，不是因为你得到的太少，而是你看到的太少。你以为自己只拥有一棵小草，其实不妨回头看看，或许跟别人的小草相比那已经是一棵参天大树了。

我曾经为一个朋友感到庆幸，因为她在中年之际就明白了这个道理，而不用在步履蹒跚时才开始后悔自己错过了人生中最美好的一部分。她的故事是这样的：

她一直很忙，在城市中心开办了一个写作学校，还在农场里教授音乐课，同时还参加各种舞会、打猎、高尔夫等活动，她甚至都抽不出一点时间去打理花圃和院子里的杂草。直到有一天早上，我的这位朋友在经历了漫长的超负荷之后，身体终于支撑不住，因心脏病发作而住进了医院。

当医生告诉她需要在床上静养一年的时候，她简直快要崩溃了，这让她感觉自己就像一个废人。她又哭又闹，心里充满了抗拒与委屈，不甘心为什么自己会这么倒霉，甚至觉得上帝不公平。可终究没办法，她最后还得安静地躺在床上。

后来，她的一位邻居耶鲁先生来看望她时说："比起死亡，躺在床上一年还算是个悲剧吗？你真的觉得你一无所有了吗？在我看来并不是这样，你现在拥有了更多的时间去思考你的人生，去看一些从前没有来得及看的书籍，去欣赏、关心你身边的人。"

邻居的话让她慢慢平静下来，所以她决定，只想那些快乐而健康的事情。每天清早，她强迫自己想一些应该感激的事情：我没有什么伤心的事情，我有一个可爱的儿子，我的眼睛看得见，耳朵也听得到，我有很多的朋友和爱我的家人，我可以看许多喜欢的书，去听好听的音乐，和朋友们聊天，吃着家人为我准备的好吃的……从那一刻开始，她发现自己所拥有的真是太多了，她感到前所未有的幸福。

我的这位朋友告诉我，那是她在亚利桑那州度过的最有价值，也是最开心的一年。直到现在，每每回忆起在床上静养的那一年，她都会暗自庆幸。如果在死前才学会怎样生活，那人生岂不是有太多的遗憾？现在，她的生活多姿多彩，正是因为那一年，她改变了自己对人生的态度，改变了那种不知满足，匆匆而过，来不及看清眼前风景的心态。

约翰是我的朋友，他曾告诉过我，迄今为止他学到的人生中最重要的一课，来自于一次极其危险的经历：约翰和朋友们一起出海打鱼，但他们遇到了海啸，迷失在大西洋里，和他的同伴在救生筏上漂流了二十几天。在濒临绝望时，他忽然明白了一个道理，那就是：当我们有足够新鲜的水喝，有足够的食物可以吃的时候，就不要再抱怨任何事情了。

可以想象，没有人会在濒临死亡的时候，还在抱怨为什么是水而不是饮料，为什么是面包而不是汉堡。欲望只有在濒临绝望的时候才会被压缩到最小。所以，女士们，请把你们忙碌的脚步暂时放慢，看看道路两旁的梧桐树和院子里的玫瑰花是否已经生机盎然了。如果你花了80%的精力在工作上，那么不妨分出20%来好好享受你的人生。

女士们，请盘算一下你所得到的恩惠，你会发现自己是如此的幸福。不论是爱情还是财富，都不要一味地去索取或是抱怨，因为那些都是基于你自己的努力换来的。请珍惜你所拥有的一切，那或许正是别人所没有的。

在心里养成洁癖，把情绪垃圾一扫而光

烦恼就如人心中的垃圾，有形的垃圾容易清扫，无形的垃圾最难处理。女士们，还记得本书前面引用过一句话吗："今天的忧虑和明天的忧愁是人们快乐生活的最大阻碍。"在日常生活中，大多数人的痛苦都是因为自己看不开，放不下，一味固执地钻牛角尖造成的。不得不说，这其实就是庸人自扰！

通常，我们习惯把那些对自己不够友好的人当成敌人。殊不知，人生最大的敌人不是别人，而是我们自己。因为外面的敌人容易了解、容易防备，而我们自己是最不容易认清的。

威廉·伍德牧师的故事，是一个战胜自我的典型案例。

几年前，他一直受着胃痛的折磨，每晚都要疼醒两三次，病情严重时彻夜难眠。他曾亲眼看到得胃癌的父亲在疼痛中去世，这让他感到非常害怕，担心自己会步父亲的后尘。可越是这样担心，他的胃痛得就越厉害。为了安心，他特意到医院做了全面详细的检查。专家给他拍了X光片，结果显示，他的胃部没有丝毫病变，没有癌变的征兆，甚至连胃溃疡都不是。他说伍德的疼痛，完全是因为他的精神压力太大了。医生只给他开了镇静剂，以让他晚上安稳睡觉。因为他的职业是牧师，医生还特意询问了一下：在教会执事中，是不是有难缠的讨厌鬼？

事实上，伍德早就知道自己是怎么一回事，生病是因为他心里一直装着太多的事。除了完成每周日早上的礼拜，以及教堂举行的各种宗教活动之外，他还担任着红十字会主席、同济会会长。每周还要主持两三次丧礼以及许多其他活动。他的精神一直处在非常紧张的状态下，从来没有时间放松。所以他很乐意接受医生建议的必需品——休假，并且逐渐减少工作负担。

有一天，他在整理书桌、清理一堆旧的资料时突然灵机一动，他停下来跟自己说：“为什么你不把那些忧愁的事也一起扔到废纸篓里呢？”这样一想，他整个人都变得轻松起来。从那以后，他就给自己定下了一条规则：凡是自己力所不能的事，就把它放在一旁。

后来有一次，他的妻子洗碗时喊他帮忙，他听着妻子一边洗碗一边哼唱的歌曲时，不禁感叹：“看，太太多开心！我们结婚18年了，她都洗了18年的碗。如果当年结婚时她就知道未来18年的婚姻生活中她得洗那么多碗，恐怕会被吓跑吧。妻子之所以没被洗碗吓跑，是因为她每次只洗当天的碗。我发现了我的问题所在：我总是忧虑洗完今天的碗还有明天的碗要洗，甚至为那些还没弄脏的碗而发愁。”

心灵承受不了太多的东西，如果每天陷入忧愁和恐惧中，无法与自己和解，那肯定会过得很不愉快。那么，该如何与自己相处，清扫出心灵的垃圾呢？看看下面这个故事吧，也许对你有所帮助。

杰克·戴普西是一位职业拳击手，提及多年的拳击生涯，他总结道：比重量级拳手还难对付的，是难缠的自我恐惧。他还意识到，如果不学会克服恐惧，就只能任由忧虑啃噬掉自己的活力，被对手打倒在地。

值得庆幸的是，在他有意识的锻炼中，他总结出了一些克服恐惧，清除内心垃圾的方法。在这里，我想引述一下杰克·戴普西的方法，给各位女士作为参考：

第一条：不停地给自己打气鼓劲，让自己时刻信心十足。

“当我遇到强大的交战对手时，我会反复在心里默念：‘他不可能伤到我的，我不会受伤，什么也无法把我打败，无论发生什么事，我都能继续坚持下去。’

“让我自己都没想到的是，这些鼓励的话和积极的思考，对我的帮助非常大。我心里想着这些鼓励的句子时，重拳击到身上仿佛都不疼了。在一次职业拳赛中，由于对方一拳把我击出赛场，导致我撞在记者的打字机上因而肋骨折断；除此之外，我还曾经嘴唇破裂，眼骨开裂。但说真的，这些外伤都不及呼吸急促、内心紧张对我的打击大。”

第二条：如果我不能控制自己的紧张情绪，那我就用不良的后果来提醒自己。

“赛前的训练是我最难熬的时候。我经常失眠，躺在床上辗转反侧。我担心手臂折断、脚踝扭伤，或第一回合眼睛就受重击……每当这时候，我就下床去照镜子，对着镜子给自己好好加油打气。

“我跟自己说：‘你有多笨呀！为还有没发生的事烦心，说不定这些永远都不会发生。生命是短暂的，人生在世也不过几十年，我一定要抓紧时间好好享受人生。’我反复重复这些话，不断告诫自己，恐惧、失眠、忧虑只会对自己有百害而无一利。”

第三条：我会不停地祈祷，给自己勇气和自信。

“在训练时，我每天会祈祷很多次。进入赛场后，每一回合铃响前，我也会这么做。祈祷能够瞬间让我的勇气倍增，给我迎战的自信。晚上睡觉前，我也从来不会忘记祈祷，就连每次吃饭前，我都不会忘记做这件事。如果你问我，祈祷管不管用，我可以非常肯定地告诉你，它很灵验，它很神奇。”

杰克·戴普西的经验是多么值得借鉴！在我所遇到的实际生活问题中，对于疾病也是如此。其实很多疾病并没有那么可怕，真正对人们造成身心上的伤害的，是对疾病的恐惧心理。人经常要与自己作战，这是一项必须要进行的人生功课。你看，清洁工每天把街道上的垃圾带走，街道才会变得干净宽敞；我们的心灵也如是，那些无形的垃圾，也需要每天清洁。如此，心灵干净之后自然也就会变得愉悦和轻松起来。

利刺上面有玫瑰，你看到了吗

法国哲学家蒙田说：“伤害人的并非客观实际本身，而是他对情况的看法。”这句话究竟是何意呢？事实上他在说，对一件事怎么看，完全依赖于我们自己。

几年前我读过一部简本书，它对我以后的人生产生了深远的影响。那是詹姆斯·兰艾伦所著的《思想的力量》，其中我印象最深的一段摘录如下——

“人们如果有意识地去改变自己的世界观和人生观，那么所有的人和事对他而言就会产生新的意义。如果一个人换个角度思考问题，他会惊奇地发现生活中的状况也会随之急转而变。每个人都潜藏着一份神奇的力量，那就是深藏于内心中的自我个性，所有人都是自己个性思想的产物。只有思想境界升华了，才有可能克服杂念，积极上进地去完成一些伟大的事。反之，人只能停滞在悲惨的心灵境地中不能自拔。”

我认识一位加州的女士，如果她能明白这一小小的道理，那么她郁闷的心情早就烟消云散了，她的人生或许还能焕发出勃勃生机来呢。

她老了，还是位寡妇——这种情况确实有些凄凉，所以她的心情自然也好不到哪里去。如果有人向她问好，她无奈的表情和冷淡的声音分明向他人表明："哎，天啊，你没见我这么落魄吗？"她显然认为，既然自己已经如此倒霉，何必还要接受别人在她面前的炫耀？

其实，她哪里算得上不幸呢：逝世的丈夫给她留下的保险金足够她一辈子过安逸的生活，子女们又给她买了一套房。但即使这样，在她脸上也很少能见到笑容，她埋怨三位女婿自私挑剔，还总抱怨女儿小气抠门——可她自己更是铁公鸡，像财奴一样一毛不拔。"我必须把它存好用来养老！"她真是苛刻。

实际上，只要她愿意改变，她完全能让自己从凄凉、悲惨的老妇转变为家中受人爱戴的长辈。改变，只需要从一个简单的行为开始，即脸上挂满笑容，尽量多付出一点仁爱之心——而不是使自己陷于痛苦囫囵之中。

女士们，请千万记住威廉·詹姆斯的名言："只要将一个人的心态由恐惧转化为奋斗的力量，就能克服任何障碍。"一颗清澈而快乐的心灵，可以缔造出美好的天堂。我曾经列过一项"只为今天"的计划表，如果你能完全接受这些建议并严格执行，为快乐而奋斗，消极就会弃你而逃，生活的乐趣也会相对增加。

第1条：今天我一定要过得开心。正如林肯所说的那样"多数人都拥有决定自己快乐的能力"，快乐源于人的内心，而并非来自外界。

第2条：今天我要照顾好自己的身体。我要时刻关爱自己的身体，坚持锻炼，保证营养，决不放纵。

第3条：今天我要学会调整自己，而非徒劳地企图改变世界。我要让自己尽可能地去适应家庭、事业，抓住快乐的机会。

第4条：今天我要充实心灵。我要学习，避免心灵的空虚，我将努力集中精力、运用思想，以此来充实内心。

第5条：今天我要全身心地投入生活，不作无畏的忧虑。每天工作12个小时固然很好，但想到如果一世都如此，我恐怕真会被吓到。

第6条：今天我要表现自己美丽的一面。我要使自己看上去衣着合体，言语优雅，举止得当，多赞赏，少批评，对任何事不挑剔，对任何人不苛责。

第7条：今天我要制订计划。为了避免仓促或犹豫不决，我要制订计划，也许不能完全履行，但我必须计划每小时的任务。

第8条：今天我要给自己预留半小时的放松时间。在这半个小时的时间里，默默祈祷，设想自己的人生目标。

第9条：今天我将无所畏惧，尤其不怕以更加愉悦的姿态去享受美好的人生；也不怕努力地去对他人付出自己的爱，相信付出即有回报。

女士们，想要培养更为安宁快乐的心态，不要忘记一条重要的原则："想得开心，做得开心，你就一定能开心。"

和困难唱反调，不为风雨所伤

生命的历程从来不是一段坦途，波折起伏才是常态。没有永远的快乐，也没有永远的悲伤。漫漫人生路上，有时一片光明，有时会陷入黑暗。不管怎样，有一站是在人生的旅途中必然要经过的，那便是挫折，因为它不会因为你缺乏勇气不敢面对就不存在。

1945年8月，日本宣布无条件投降后的第二天，玛丽·布朗回到了她在加拿大渥太华的那个空荡荡的家。几年前，玛丽·布朗的丈夫因为一次意外车祸而永远离开了她。不久后，她的母亲也去世了。可是谁也没想到，更大的灾难继而又降临到这个可怜的女人头上。提及自己的悲惨遭遇，她这样说道：

“街上汽笛长鸣，锣鼓喧闹，人们都沉浸在喜悦中，为了胜利而庆祝。可是，我的境地却和这欢乐的场面有着巨大的反差，我的孩子，唯一的孩子，永远地离我而去了。我失去了丈夫和母亲，现在，我的儿子又没了，只有我一个人孤零零地活在这个世界上。参加完儿子的葬礼，我走进家门的那一刻，整个屋子像荒野一样死寂。悲伤和恐惧占据了我的心。就这样一个人寂寞地生活下去，我怎么能适应？内心的痛苦快把我逼得疯掉了，生活让人太难以承受了！”

此后，布朗太太一直很消沉，她陷在悲伤和孤独中，怎么也无法解脱出来，她根本不能接受发生在自己身上的一切，痛苦和悲伤把她圈住了。

这件事过去许久之后，她对我说：“随着时间的推移，我逐渐地发现，时间是最好的疗伤良药，可时间又太难熬了。我知道，我必须用工作填满我的时间。就这样，我试着去关心同事和朋友，我开始了自己新的生活。我相信，未来的生活会很好。我要感谢时间，是它告诉我了，那些无法更改的东西，任你再怎么不接受，也于事无补。我们都是一点一点转变的，重要的是，要有决心、要有欲望去改变。现在，想起那段最低迷的痛苦时光，我感觉自己就像是一条刚刚回归到岸上的船，沿途与风雨展开了激烈的搏斗，最后我胜利了。现在，我终于可以停泊在一个宁静的港湾里了。”

对于一个女性而言，布朗太太悲惨的遭遇真的令人感到心痛。可事实已然如此，痛哭流涕、自暴自弃都没有用了。这时候唯一能做的，就是把握好内心的舵盘，别让它偏离了整个人生的航向，勇敢地去面对现实。

当意外把幸福的绸缎撕破时，我们只能依靠时间去慢慢修复。可修复的前提是，我们必须要给时间一个机会。当我们强迫自己继续前进的时候，随着时光的流逝，痛苦也会渐渐减轻。印度教神祇柯瑞斯纳曾经说过：“一个人是否真正幸福，不在于那些温和而客气的祝福，而在于他是否勇敢地接受他所面临的苦难与不幸。”的确，灾难不是生命的终止。有的时候，它只是催促我们马上行动的催化剂，刺激着我们主动去改变现有的境况。

我认识一个住在威斯康星州的妇女，她在社区里是众人敬佩的楷模。她的儿子在二战时因为执行一次飞行任务而光荣殉国了，那时他只有23岁。作为母亲，她曾经一度痛不欲生，但她后来说，她并不需要别人的同情。她自己从难以接受的人生痛苦中走了出来，还去安慰那些和她一样痛苦的人们。

后来，我有幸拜访了她，听她讲述了一番人生的感悟：

“我有一个健康又出色的儿子，我和他一起度过的23年里，拥有过太多幸福而快乐的日子。在我接下来的人生中，对他的美好回忆将永远伴随着我。所以，我必须服从上帝的安排，我现在所能做的，就是让那些在军中服役的儿子们不必担心他们的母亲。”

她是这样说的，也是这样做的。她努力不懈地工作着，去慰问军人家属或者去看望那些从一线回来的战士们。她将自己所有的精力都放在了帮助别人的事情上。因为忙碌，她没有更多的时间让自己去回味痛苦；因此，她也变得比以前更加坚强。

在我的工作中，总能听到一个被人问了无数遍的老问题：为什么偏偏是我？对于这个问题，只有一个答案：为什么就不能是你？

上帝在这方面并没有偏袒谁。人们在享受人生快乐的同时，也要承受它所带来的痛苦。生活中的磨难是不偏不倚的，不管是君主还是乞丐，诗人还是农民，男人还是女人，当人生的磨难降临到头上的时候，每个人所承受的痛苦都是一样的。不同的是，有的人因为逃避而沉沦，有的人则因为坚强而美丽。

以柔化刚，多想办法少流泪

我经常会看到这样一些女士：她们脾气暴躁，为了一点小事就大发雷霆；稍有点不顺心，也会火冒三丈，愤怒不已。虽然女人发脾气的时候不会像男士那样火爆，可在愤怒的情况下，她们还是会丧失理智，说出一些不好听的话，给人留下糟糕的印象。对于这一点，许多女士自己也知道。所以她们在发完脾气，冷静下来之后，也会为自己在愤怒中的不堪行为感到懊悔。

我非常理解女士们的心情，遇到了不公平的事，受了委屈，谁都会忍不住想要发泄一下。可是，发泄的方式要选对。只顾大发雷霆，冲人吼叫，有什么实际的用途吗？能解决什么问题吗？根本是徒劳无功的。这样做的话，反倒会激发人们的抵触心理。更重要的是，它还会让你的优雅的气质，一扫而光。

曾有一位女士对我说，在当年的美国，如果不用愤怒来反抗一些事情的话，就无法给自己争取到合理的权力。对于这样的说法，我并不赞同。许多问题，完全可以用其他方式解决。

科罗拉多州曾经发生了一起持续了两年的大规模罢工行动。当时，那些工人已经愤怒到了发狂的地步，他们要求小洛克菲勒所在的钢铁公司给他们加薪。然而，这种要求一直没能得到满意的答复，失去理智的工人一气之下做出了极端的行为，他们破坏公司的财产，在大街上贴满了带有侮辱性言语的标语。虽然政府派出军队来镇压，可罢工的问题还是没能解决。更糟糕的是，在镇压过程中，还出现了流血事件。

这件事该怎么处理？我想，许多脾气暴躁的人肯定会说，政府必须严惩“暴徒”。然而，小洛克菲勒没有这么做。他亲自与那些罢工的工人见面，他说自己对他们的做法表示同情和理解。最后，他还表示，愿意帮助工人们解决问题，并永远站在工人一方。结果，他赢得了很多人的支持，而厂房也和工人达成了一致协议，整件事处理得十分圆满。

可见，许多问题都能得到很好的解决，只要平心静气地去想办法。倘若一味地抱着对抗、抵触的心理，任由坏情绪爆发，那么许多问题不仅解决不了，还可能会变得更糟糕。在生活中，女士们一定要懂得克制情绪，处理一些问题的时候，要多考虑考虑。

迪娜女士是我的一位朋友，她住在纽约市中心的一家公寓里。前一段时间，她在经济上遇到了点儿麻烦，可偏偏这个时候，房东又提出来要增加租金。坦白说，迪娜当时真的很生气，她觉得房东简直就是落井下石。去跟他大吵大闹，指责他不对吗？当然不行。迪娜克制住了愤怒的情绪，决定用其他的办法来解决这个问题。

她给房东写了一封信，信的内容大致如下：

亲爱的房东先生：

我了解现在房地产方面的情况，所以，您要增加租金，我也很理解。我们的合约马上就要到期了，那时候，我想我就要离开这里了。您知道，我不过是一个工薪族，增加租金后的房租价格，我有点承受不起。

坦白说，我其实真的不想搬离这里。要知道，现在遇到一个像您这样通情达理的好房东，真的不容易。如果您可以维持原来的租金，那么我很高兴继续在这里住下去。虽然，这是一个不情之请，一件不太可能的事。

……

接着事情发生了转机。房东接到了迪娜的信后，很快找到了她。迪娜热情地接待了房东，可她并没有谈论关于房租价格的事。迪娜在那里不停地说，她多么喜欢现在住的房子，还不停地称赞房东，说他懂得管理，并表示她愿意继续住在这里。当然，迪娜也没有忘记告诉房东，她承担不起高额的租金。

房东很高兴，因为他似乎还从来没有听到一个房客这样赞美过他，他的心情非常激动，并向迪娜抱怨，过去有些房客是多么无礼。在此之前，他接到过14封信，每一封信都是对他的侮辱、谩骂和威胁。最后，在迪娜没有提出降低租金之前，房东主动提出少收一点租金。紧接着，迪娜又提出希望能够再少一点，房东很痛快地就同意了。

后来，迪娜在跟我提起这件事的时候，她说："我真的很庆幸，当时控制住了我的坏情绪，用一种平和的态度来处理这件事，否则就不是这样的结果了。"

没错，女士们，这就是淡定心态的好处，它总能帮助你找到最有效的解决方法。与此同时，保持一颗平静的心，理智地去解决问题，对于身心健康也是很有好处的。洛杉矶家庭保健研究协会主席阿马尔·杜兰特曾经说："爱生气的人很容易患高血压、冠心病等疾病。同时，情绪上太波动还会使人感觉食欲不振、消化不良，从而导致消化系统疾病。对于那些已经患有这些疾病的人，发脾气还会加速他们病情的恶化。"

我不知道女士们对此有何感想。曾经，我也常为一些小事发脾气，但幸运的是，我现在不会那么做了。我会尽量保持内心的淡定，用理智的方式处理问题。我希望，每位女士在遇到问题时，都能主动地调解自己的情绪。如果能够做到这一点，那么在烦躁的社会中，你就一定能够拥有一份淡然如水的心境。有了这样的心境，整个人看起来就会不一样——没有戾气，没有愤怒，没有怨恨，这样的女人永远会给人带来温润的好感。

Chapter8 温柔贤内助，丈夫家庭两手抓

别人的想法与做法必有他的缘由，试着找出背后的原因——这会给你一把了解别人行为甚至个性的钥匙。试着设身处地地站在他人的立场看事情。

——戴尔·卡耐基

丈夫有多大才，就生多大胆

在夫妻生活中，特别是有关丈夫工作领域里的一些事情，作为妻子的女人们很容易走入说话的误区。她们不了解这个社会的竞争有多么残酷，不了解丈夫已经做了多么大的努力。妻子只是希望知道结果，知道丈夫升职了或是赚到钱了，而丈夫在这个过程中所付出的一切努力，她们却一概不闻不问。

而丈夫们又都不愿意在妻子面前失去风度。当妻子提出某项建议时，他们没有其他办法，只能努力去实践。此时，妻子的话就间接地变成了丈夫精神崩溃的原因。

女士们，我希望你们能了解到，这是两种态度：或是帮助一个男人了解他自己的能力，或是强迫他去做超出能力以外的事。二者之间存在着很大的差别，正与误也就在这一线之间。正确的做法就是，了解男人的能力限度，给他鼓励，而不是永远不知满足地要他去干他所不能干的工作。

生活中这样的丈夫比比皆是：在公司的基层部门工作得快快乐

乐，但是有一天，妻子突然野心大发，不断地在他耳边说这说那，一会儿说哪位太太的先生早就是某部门主管了，一会儿又说哪位太太的丈夫升职加薪了，给她买了一个金钻戒。总而言之，就是想让自己的丈夫也努力谋个主管的职位。可结果呢？她丈夫很可能因为压力过大，神经系统过于紧张，身体超负荷运转而得了胃溃疡。

美国《时代周刊》曾做过一个调查，结果令众人感到惊讶：美国官员的自杀和太太的野心有关。例证是一位外交部的官员在四十岁这一年上吊自杀了，原因是“野心受到了挫折”。他最大的愿望——或者应该说他妻子的最大愿望，就是他能成为一个外交官，但他已经经历了两次考试失败了。

当然，温和睿智的女人例外。

美丽的珍妮女士说：“我从来没有强迫过我的丈夫去做什么，我只是任由他的个性发展，我很欣赏他和理解他。”她是这样说的，也是这样做的。

刚嫁给菲利普的时候，大家都说珍妮是“一朵鲜花插在了牛粪上”。因为她那么漂亮，并且并不缺钱，完全可以嫁一个更好的男人；而菲利普，看上去是那么笨拙和不善言辞，虽然他很勤奋也够聪明。人们当时肯定地说，珍妮是亲手把自己的幸福断送掉了。

然而，令人们惊奇的是，十年后，珍妮生活得很幸福，很满足。她的丈夫，成了畅销书作家，人们购买他的书就像灾荒年间抢购食品一样。最关键的是，珍妮和菲利普彼此深爱着，他们觉得生活中谁也离不开谁。很多人对珍妮这十年的婚姻生活充满了羡慕。但他们更好奇她是怎样做到的，特别是，当她的丈夫还是默默无闻，人们断言她不会幸福的时候。

珍妮说：“我不愿让所有人都变成一个类型，我的丈夫该怎么做我并不想干预，我也不渴望他一下子就功成名就。我只希望，我的丈夫能够尽量地发挥他独特的才能，去做他自己想做的事。而我只是让他享受我的爱及家庭的温馨……”

其实，在写作方面，珍妮自己也是一个相当有才华的人，少年时便极受老师的青睐。但自从和丈夫结婚以后，珍妮便放弃了自己的写作，全心全意地侍奉丈夫，照料他的生活起居，关心他的胃肠疾病，竭力为他创造一个不为人扰的环境。在纽约乡下，珍妮自己缝制衣裳，种菜做饭，做一个节俭的妻子。在丈夫写作遇到麻烦的时候，她与丈夫一起出去散步，开导丈夫，让他能够得到愉快的休息，并告诉他慢慢来，不要着急。

终于，菲利普在写作方面崭露头角，小有名气。随着丈夫社交圈子的扩大，珍妮也十分愉快地和丈夫的朋友们来往。即使对崇拜丈夫的女孩子，珍妮也能包容，因为珍妮知道这说明丈夫的作品感染了她们，说明丈夫是成功的。还有一点珍妮令深信不疑的是，丈夫对她的爱就像她对丈夫的爱一样，是矢志不渝、忠贞无比的。

试想，如果珍妮刚与菲利普结婚的时候就逼着菲利普不断去写，并且力图改变菲利普在她看来不那么完美的个性，那么我想恐怕要不了多久，她的丈夫就会感到厌烦和不满，美满的婚姻生活也可能会遭到破坏。恰恰是珍妮对菲利普个性的尊重，才成就了一桩幸福的婚姻。

一位哲学家曾经说过：“一个作家不可能写好各类小说，一个政治家不可能把每一个小节都考虑好，一个旅游家不可能走遍世界的每一个乡村——因此，一个普通的人，也不可能做好每一项工作。”

各位女士，我希望你们都能够明白一个简单的道理：大自然缔造人类，并不是要所有的人都来当总统或内阁总理，也不是让所有人都能得到董事长、总经理的职位。社会有分工，每个人也都受到一定的主观或客观因素的限制。所谓的成功不一定非要达到某一种境界，只要我们能把自己的本职工作做好，并且在其中享受到乐趣，这即是成功。在婚姻中，鼓励和关爱才是幸福的保障。

身为妻子的你应该知道，你是与丈夫终生相依的人，他的幸福就是你的幸福，他的快乐就是你的快乐，他的成功就是你的成功，因此他也渴望自己能干出一番大事业，来博得你的欢心，使你快乐，让你在别人面前能够扬眉吐气。而这时的你，如何运用才智和语言去激励他，才是一个聪明女人所需要花费的心思。

如果你们的生活并不缺衣少食，丈夫对现状也很满意，那你不妨同丈夫一起享受生活，不要去寻找或追求那些虚无的光环，踏实地生活才会得到真趣。如果你发现丈夫已经开始对现状感到不满了，他要努力向更高的目标冲刺，那么这时候你就要做好他的助手，在他需要的时候帮助他，在他疲倦、困苦的时候安慰他，在他不够自信的时候鼓励他。这些才是一个聪明的女人最大的魅力。

各位女士，请记住，想拥有幸福美满的婚姻，这项规则不可忽视：做一个知足的女人。找准你的地位，注意你的语言。不要抱有太大的野心，知足会让你和你的丈夫一起，走进幸福的天地。

相敬如宾好夫妻，相亲相敬一家人

真挚的爱情会被无礼、粗俗抹杀得一干二净，这个简单的常识相信没有一个人不知道。可现实生活中，我们对待客人要比对待家人礼貌得多。我们绝对不会对客人说他讲的故事太老套，太没有新意；我们也绝对不会在没有得到允许的情况下，就去私自拆看别人的信件，肆意窥探别人的隐私和秘密。然而，对于我们最亲密的家人呢？我们往往不是这样做的。就像狄克斯说的那样："对我们说出那些侮辱、刻薄、伤感情话的人，几乎都是我们的家人。"只要他们身上有一点瑕疵是我们看不过去的，我们就会公然地发出责备甚至轻蔑。

贾姆士在一篇文章中写过这样一段话："这篇文章是要写人类的某些愚蠢。很多男人，他们不会跟顾客或者同事大声说话，可是会毫不留情地对他们的太太大发脾气。他们应该知道，倘若为了幸福着想，婚姻远远比他们的工作更重要。一个获得家庭幸福的人，远远比一个孤独的成功者更加快乐。"

很久之前，大演说家勃雷的女儿嫁给了丹姆洛契，他们过着愉快幸福的婚后生活。很多人纷纷羡慕不已，都来询问他们幸福的秘诀是什么。丹姆洛契夫人是这样说的："首先我们要做的，是小心谨慎地选择伴侣，其次就是在结婚后相敬如宾。年轻的妻子们可以像对待宾客一般，温柔礼貌地对待自己的丈夫。任何男人都怕自己的妻子是一个无理取闹的泼妇。"

关于婚姻的问题，狄克斯女士通过自己的亲身经历得出这样一个结论，她说："若和婚姻相比较，人的出生和死亡都只是短暂的一幕而已。"苏俄有位备受世人敬仰的小说家说过："我宁愿放弃我的才能和著作——假若在某个温暖的地方，有一个女人在乎我是否可以早点回家吃饭。"

当然，有些人做得很好，即使遇到再不愉快的事情，他也会把自己的烦恼隐藏起来，永远保持着对家人的体贴入微。就像瑞斯诺曾经说过的那样："礼貌可以使人忽略破败的园门，而专心欣赏园内娇艳的花朵。"然而，大多数人却并不是这样，倘若在工作中犯了错误受到老板的责骂，只想着赶紧回家，把在工作中受的气发泄到家人的身上。对此，我们不妨学学荷兰人的一种风俗：进屋前一定要把鞋子脱掉。他们的寓意是，进入家门前，要把一天的不愉快都扔到门外，一身轻松地走进家里。

女人始终不明白，男人为什么不可以把家庭也看作一项事业？为什么男人们不在她们身上运用一些外交手腕？为什么不可以像经营业务一般，让家庭生活甜蜜、美满呢？一个女人若是得到丈夫的赞美，那么她肯定会更加努力；倘若做丈夫的赞美他太太去年做的那套衣服如何华丽，那么她绝对不会再浪费钱去买衣服。

其实，几乎没有哪个男人不知道，让妻子紧闭嘴巴不再叨唠的最好方法，就是给她们深情一吻。但是大部分丈夫宁愿跟他们的妻子发生争执，再耗费金钱去给她买珠宝、时装等东西，也不愿意好心奉承她。他们不愿意按照妻子所渴望的那样去满足她，对待她，这样自然也就出现了很多不幸的婚姻。

各位女士，既然你们已经看清了男人的“愚蠢”，那么作为女人，倘若你想得到一个美满幸福的家庭，就请按照这项规则来做：要像对待客人般对待家人。

系牢拴紧男人的温柔结

对于父母而言，他们是儿子，他们有责任有义务在金钱和体力上照顾好老人，这是感恩，也是孝道，无可厚非；女朋友，是未来的妻子，他们也同样有责任，去保护和照顾好自己人生的另一半。

所以，一直以来，人们就习惯性地把“男人”这个称呼和“坚强”、“刚毅”等词语紧密联系在一起，而“脆弱”、“敏感”、“温柔”等字眼，和他们风马牛不相及。在现代社会中，男人的多种角色决定了他们的多种责任。可事实上，男人真的有那么坚强，真的是无所畏惧吗?

关于男人的心理，我的一位心理学博士朋友曾经对我说过这样一番话：“男人是一种很矛盾的动物。一方面，他们希望自己非常坚强，能够经得住方方面面的打击；而另一方面，他们又非常希望能够得到安慰和关怀。当然，对于大多数男人来说，他们宁可让自己承受巨大的痛苦和压力，也绝对不会主动向别人乞求关怀和安慰。在他们看来，向别人乞求关爱只能表示自己软弱和无能，是非常有损自尊的行为。”

坦白说，男人确实需要关心，只不过他们在情感上比较内敛，这就注定他们不会轻易地表达自己，发泄内心的情绪。身为女性，身为太太，我想告诉女士们，男人的成长是伴随着许多压力的，他们的脆弱也许比你想象得还要严重。他们内心最渴望得到的就是女性的理解与支持。如果你爱他的话，那么就请你好好地去关心他、安慰他。这样做了，才会让你的丈夫更加义无反顾地去爱护你、依赖你。

在外人眼里，罗杰是一位年轻有为的男人，有着令人羡慕的财富和非常成功的事业。然而罗杰也有自己的苦恼：他一共谈过四次恋爱，都没能成功。这让他的家人很着急，他们都希望罗杰能找到一位端庄贤淑的女士结婚。后来，他母亲的朋友给他介绍了一位女孩，名叫苏珊。可是，一连几次的恋爱结果已经让罗杰十分疲倦了，他早就看腻了那些名门望族的小姐们。因为她们不可一世，从不考虑别人的感受。但由于母亲的缘故，罗杰还是和苏珊相约在一家品位高雅的西餐厅见面。

苏珊小姐的外貌很出众，穿着很华丽，散着一头金黄色的长卷发。看到美丽的女子，罗杰先生暗自欣喜，主动帮苏珊挪了挪椅子。这位美女坐下来看了看对面的男士，说：“罗杰先生，你看起来似乎很疲惫。”罗杰点了点头。苏珊接着说：“那为什么不选一家档次高一点的餐厅？那样会让我们坐着更舒服些。”罗杰有些惊讶地问：“苏珊小姐为什么会有这样的想法呢？”苏珊不以为然地笑了笑说：“以我们的身份，难道不应该在更高雅一点儿的环境下就餐吗？”听到这话，罗杰有些伤心地说：“哦，小姐，不好意思，我很累，不如你先回家吧。”就这样他把苏珊打发走了。

等苏珊走出了餐厅大门，罗杰点了一杯咖啡，想恢复一下精神。不一会儿，服务员端上了一杯热饮，仔细一看，里面盛的却是奶茶。罗杰刚想发问，服务员便微笑着说：“对不起，先生，我觉得您现在很疲劳，或许奶茶比咖啡更适合您。”

罗杰微笑着点了点头表示感谢。一杯温热的奶茶入口后，罗杰整个人松弛下来，竟然趴在桌子上睡着了。直到夜色降临，西餐厅已经打烊了，罗杰才醒过来。他发现自己身上披着件衣服，刚才的那位服务员站在他身边，亲切地对他说：“先生，您实在是太累了，我觉得不方便打扰您，所以没叫醒您。现在您该回家了。”

罗杰看着外面漆黑一片，显然已经很晚了，这位服务员是为了等他而没有下班，一直在这里陪着他。罗杰有些歉意，问过了她的名字并表示感谢。

从那以后，罗杰经常来这家西餐厅，方便的时候还会和那位女服务员一起聊聊天，喝喝咖啡。他发现这位女服务员虽然貌不出众，却非常温柔且善解人意，总是在他最需要关心安慰的时候开导他。渐渐地，罗杰发现自己爱上了这位女服务员。于是，在他的追求下，一年之后，他们步入了婚姻的殿堂。

这个结果谁又能料想到呢？资产百万的罗杰先生竟会娶一个女服务员。这就是我要告诉你们的：女士们，其实男人有时并不需要金钱、名望，他们渴望的恰恰是来自女性一点实实在在的关心和支持，从而让他们紧绷的神经暂时得到放松和休息。这就是理解和关爱的魅力。

通常情况下，女人在失意或是伤心的时候，都想找一个坚实的臂膀靠一靠。其实男人何尝不是如此呢？他们也一样需要一个可以让自己身体放松、心灵宁静的港湾。这种心理是一个善解人意的女人理应知晓的。

所以，女士们，请不要在男人失败时打击他们，要以最温柔的方式去帮助他们。哪怕一点理解的话语，一个简单的亲昵，一句平常的问候，都能让他感受到世界的美好。同时，女性的温婉、善意也由此体现，可爱之处正在于此。

别傻了，拿别人的错误惩罚自己

女士们，你们是否曾有过这样的心理：当你的丈夫在外有艳遇时，当你在工作中受到性别歧视时，当一些年轻漂亮的女孩嘲讽你臃肿走样的身材时……你是否有过想要报复他人的欲望？我估计，再怎么大方优雅的女士都或多或少会为此而感到苦闷烦躁。

在我的培训班上，有一位叫辛迪的女士，曾愁眉苦脸地跑来向我控诉，说她的丈夫和其朝夕相处的女秘书有着亲密的举动。她怀疑丈夫对她不忠，自己万分痛苦，整日活在自己的臆想之中。她的脑海里充斥着无数报复的念头，仇恨的火苗越烧越旺，终于有一天她病倒了。事情的结果是辛迪再次跑来找我，告诉我是她自己误会了，说自己差点亲手毁掉幸福的家庭。

报复犹如潘多拉的盒子，是罪恶的源头。女人不是因为美丽而可爱，却是因为可爱而美丽。一个聪明优雅的女人，不会为了捕风捉影的事情而想着怎样去报复别人。如果对方真是我们的仇人，知道我们为一直想要报复他而烦恼的话，他一定会高兴得手舞足蹈；

如果我们猜忌的并不是事实，这个人也并不是我们真正的仇人，那么我们只会庸人自扰，像辛迪一样最后伤害了自己。

各位女士，我想要和你们说的是，报复和多疑的心态，都是不可取的，是多余的。当我们心怀怨恨地对待我们的仇人时，等于给了他们打败我们的力量。这种力量能扰乱我们的睡眠、血压和食欲，剥夺我们的快乐和健康，使得漂亮女士皮肤松弛、暗淡，烦闷而压抑，脸上失去灿烂的微笑。我想，没有哪一位女士会觉得这很划算。

我的妻子桃乐丝年轻的时候，也曾经做过女秘书。当被问及到如何看待女秘书时，她是这样说的：

“亲爱的，如果说女秘书这个职位会对我造成什么威胁的话，这样想一定是很不明智的。我认为一个合格的女秘书一定会在工作中全力维护老板的利益，想办法帮助老板解决一切琐事，从而使老板能够拥有一个舒畅愉悦的心情，能够安心地工作。”

听到妻子这样说，我觉得她的话很有道理。我微笑地点了点头，说：“你说得很对，真是个聪明的女人。很多女秘书都为老板付出了很多，我的也一样。”

一个在事业上叱咤风云的成功男士绝对离不开一个好秘书。然而在常人眼里，女秘书往往又比那些做了太太的女士们年轻漂亮，因此才招致太太们的猜忌和嫉恨。

我有一位森林管理员朋友，闲暇时他总喜欢到我的院子里来坐坐，眉飞色舞地给我讲一些森林里发生的有趣事情。有一次，他告诉我他亲眼看到的一幅画面：有一种体积庞大的灰熊（几乎可以击倒除了水牛之外的所有动物），在一天晚上，它却与一只长得像野猫的小动物在月光下一起分享晚餐——那是一只臭鼬！灰熊很清楚，只要举起巨掌就可以轻易把眼前这个小臭虫拍碎，但它却并没有那么做。你要问为什么吗？因为灰熊从以往的教训里学到，那样做对它自己而言其实并不划算。

这个道理我也明白。在我小时候，曾在乡下农庄里抓过这种会发出恶臭的臭鼬。随着年龄的增长，逐渐步入成人社会中，也遇到过类似于臭鼬这样散发出不好的气味、影响我们身心健康的家伙。我从这些不好的经验中发现：不论是哪一种“臭鼬”，招惹它都是一种不明智的举动。那么，在现实生活中我们又为何去招惹“报复”这个恶魔呢？

女士们，我相信上帝在缔造夏娃时已经赋予了你们独特的魅力与品德，你们都是完美而善良的。当你们深受仇恨和猜忌的折磨时，我希望你们能努力静下心来摘抄诵读一下《圣经》，那里面有非常具有启发性的话：“爱你们的仇人，善待恨你们的人；诅咒你的人，要为他祝福；凌辱你的人，要为他祷告。”

我相信，聪明的女人总会获得别人的喜爱与赞美，因为她们既懂得如何把自己从仇恨和痛苦中解救出来，又明白怎样做才能体现出女性的美德。那就是：当别人无意识对你犯下错误的时候，用你们那颗宽容博爱的心去原谅而不是报复。

懂得宽恕的女人，才会拥有美好的未来。

娇女子 也顶半边天

男人和女人是维系人类生存的两大基石。工业革命之后，大部分粗糙工作被机器取代，加在女性身上的限制越来越少。这为男女平等的实现创造了有利条件。女人从男人的附庸一跃成为家庭中的重要一员，具有和男子同样的就业权利、经济地位乃至政治地位。

然而，这种“平等”发展到现在，有时候却是不宜提倡的。一些事业型的女人，虽然自己是女性，可对同性却常常秉持鄙夷的态度，为了追求所谓的“平等”，处处模仿男人做事。平时的着装不是牛仔裤、王子裤，就是男式衬衫、夹克服或各式礼帽，连做派也学着男人的样子，又硬又冷，干干巴巴，没有一点温柔妩媚的美感。

也有的女人，因为讨厌女性的婆婆妈妈，看不惯同性那种儿女情长，于是给自己立志——“不谈身边琐事”，只和男人谈学习、谈工作、谈思想、谈国家，却从来不交流感情。我的一位朋友曾经向我抱怨说，他和妻子好像兄弟一般，夫妻俩也挺和睦，只是缺少了异性相互吸引的心动之感。在他外出前，妻子会想着为他准备旅行用具、衣物；没有按时回来，妻子会想到他是不是出了什么意外——可这些都只限于惦记，只是不放心，并不是想念他，盼他快些回来。

还有些女性，从内心深处坚信“男女都一样”，她们奉行“男人能做到的事，女人一定也能做到”的原则，她们一心扑在事业上，甚至比男人的事业心还强，完全不知事业以外还有其他，俨然是一个工作狂，却自称为“女强人”。

一味追求“平等”神话的女人还有一个特征，就是不理家政、不操持家务，仿佛干家务会影响她“女领导”、“女专家”、“女强人”的形象。她们认为力争“平等”的女人不应当为了一些“女活儿”而浪费时间。比如提着篮子到超级市场买菜。试问，碰到这样的妻子，丈夫又怎能不痛苦呢？

作为妻子，你首先要明白，平等并不意味着事事与丈夫争高低，男女间互相尊重、相互沟通、恩恩爱爱才是平等的必要前提。可是有的女人则错误地认为，平等就是与男人平起平坐，家务各分一半，男人有什么，女人必须也有什么。抱着这样的观点，不仅会损害女人温婉可人的形象，还会使夫妻之间的感情出现隔膜。

女士们，我希望你们知道的是，人与人的身体状况、性格爱好多有不同，外在的硬性统一绝对不是你所应该追求的“平等”，这么做只能带给你很多不利。男女组成家庭后，由两个个体组成一个群体，各有短长，本就不应这般斤斤计较；若不问青红皂白便一味苛求二人的统一，这简直就是自寻烦恼。从感情上讲，男女要相互关心、相互体谅，在经济问题和家务劳动这些方面求对等、争高低，是非常不明智的。

其次，平等也并不是事事都要按自己的意愿去做。有的女人认为平等就是必须要先制服男人，让男人事事按自己的意愿去办。比如在对待孩子的问题上，有些女人就一个人说了算，吃喝穿戴都不许男人插言。这种事事按照自己意愿去做的行为，不是平等也不是对等，而是在扼杀你们之间的感情。

要知道，男人也有自己的思想和主见，女人的专横跋扈只能令男人反感，极易伤害夫妻感情。对于某一问题的处理，每个人都会存在着一定的思维定式，考虑起来必然会产生片面性。如果凡事二人商议着办，那么两人的智慧必然会胜过一个人。那种死命地“压制”一方而追求对等，是不可取的。

追求平等更多的是体现在心理上，而不是形式上。任何只针对形式上平等的追求都是心理失衡的表现。个子矮的人爱在人前走来走去，以引起人们的注意；有口吃的人爱在众人面前滔滔不绝，越口吃反而越爱说……这些都是心理自卑感引起的反常行为。

在男女生活上，女性在幼年和少年时期由于受到严格的管束，心理上会产生女不如男的卑怯心理。一旦成家之后，一种强烈的占有欲便会从以前的卑怯心理演变成对“平等”的要求。而且往往会有这种规律，卑怯心理越重，要求“对等”的愿望就越迫切，有些女人的做法甚至已近乎病态。

综上所述，追求平等不是形式上的平等，也不是经济占有的对等，而是要求你从内心尊重男人、疼爱男人，从而获得男人同样的尊重和爱。在这种基础上建立的感情，才会享有真正平等的交流。

夫妻本是同林鸟，相依相携一起飞

心理学家曾经研究得出，一个成功丈夫的背后总有一个温柔可爱的妻子。如果一个妻子能让丈夫感到幸福快乐，那他就能顺利地取得事业上的成功。但现实却让人感到遗憾，有很多深爱着丈夫的妻子不知道怎样才能营造出和谐快乐的家庭生活。尽管她们以爱的名义对待自己的丈夫，却总是做一些错事：当丈夫有事要出门时，她们却死死地缠住丈夫；当应该倾听丈夫讲话时，她们却唠叨个不停……

其实，得到丈夫的宠爱并不是件很难的事情。但女人在打扮自己的容貌上所花的心思，远远超过了对丈夫所花的心思。就像准备参加一场舞会一样，只要你肯动脑筋，聪明一点，用心去做就行了。当然，这并不是说女性不需要打扮，但是，那些过分修饰自己的女性也一定不要忘记对自己的丈夫表示出你的关心来。有一种女人，她们根本不担心自己韶华即逝、身材走形，因为她们懂得如何得到丈夫的心。

我曾读过著名作家哈代的一篇著作，其中有这样一段描述：在新西兰的某乡村有一处墓地，里面竖着一块年代已久的墓碑，上面刻着一位女士的名字和一句话："她是如此的温柔。"

女士们，不知道你们看了这句话后会有什么感想？对于我来说，没有什么能比这句碑文更令我感动的了。可以想象得出，当这个悲痛欲绝的丈夫把这句话刻在妻子的墓碑上时，心中充满了多少幸福的回忆：每天下班回家，一进门第一眼看到的总是满桌可口的饭菜，和妻子满面笑容的等待。平时，他随意讲的一个俗套小笑话也能逗她开心，家里充满了温暖和爱意。

作为妻子，对待丈夫应该像秘书对待老板那样：主动研究他的嗜好，知道怎样才能让他高兴，深知他喜欢什么，讨厌什么；还知道在什么样的环境下，他能更有效率地完成工作，甚至会为了让他对自己更加满意，而刻意改变一些个人的喜好。比如，如果他喜欢自然朴素的装扮，那么你就可以用无色透明的指甲油。当你心甘情愿地做这些事情时候，幸福就离你很近了。

罗斯福总统每次外出做演讲时，他很喜欢儿女们陪伴在自己身边。因为这样，他可以减轻自己极为紧张的行程中的压力。后来，当我有幸采访到罗斯福夫人时，她告诉我，每当丈夫有外出讲演的行程时，她总会巧妙地安排孩子们同行。她说："在旅途中，时常会发生一些有趣的事，这让我们的旅途充满了欢声笑语。所以，他也能轻松自如地处理那些繁重的工作。"而罗斯福确实也对这样的安排十分满意。

艾森豪威尔总统的夫人也曾说过，一个妻子最主要的工作，是用点滴的小事给丈夫带来幸福。其实，这些小事并非真的很小。因为这才是幸福婚姻的关键所在。如果一个妻子可以为了丈夫和家庭的幸福放弃一些个人嗜好，那她所得到的回报将远远超过所付出的。

世界闻名的国际象棋冠军，古巴前外交官，约瑟劳尔·卡巴布兰加先生十分聪明，很受人们的欢迎。和很多成功的男性一样，卡巴布兰加先生也会固执己见。但是，他的妻子——奥嘉·卡巴布兰加夫人——却愿意为了丈夫而放弃自己的嗜好。所以，他们拥有浪漫的爱情和十分美满的婚姻。正因为奥嘉·卡巴布兰加能让丈夫开心快乐，所以有时候，卡巴布兰加先生也不再坚持自己的看法，转而迁就妻子，让她高兴。可以说，奥嘉·卡巴布兰加夫人只是做了一点“小牺牲”，便获得了丈夫的欢心。

当卡巴布兰加先生坐立不安时，她会安静的待在一旁，从不喋喋不休，从而让他有独立思考的空间；原本她很喜欢参加社交舞会，但因为丈夫喜欢留在家里，她便心甘情愿地放弃了自己的爱好；他不喜欢她穿的衣服，她就立刻换一件他喜欢的；本来，娱乐性书籍是她的最爱，而丈夫却喜欢看哲学和历史方面的书，所以，她也认真地看了丈夫所喜欢的书。正像奥嘉·卡巴布兰加夫人自己所说，这么做是为了“欣赏和领会他的意图，从而跟上他的思想”。

也许你会问，奥嘉·卡巴布兰加夫人这样做有效果吗？她的丈夫会对她充满感激吗？原来，卡巴布兰加先生认为赠送礼物是这世界上最可笑、最做作的事了，可是有一年的情人节，为了表达自己对妻子的爱意，他特地送给她一盒超大的巧克力。当时，他像一个小学生那样红着脸，非常害羞。奥嘉·卡巴布兰加夫人非常开心，她没想到一向理智的丈夫竟然会为了自己做出这样感性的举动！

卡巴布兰加太太给了丈夫幸福，而为了感激她的牺牲，博得她的欢心，她的丈夫也想方设法地哄她开心，并从中体会到了快乐。如此这般，也难怪他们的婚姻会令人艳羡不已了。

对于男人而言，让他们感到最为快乐和幸福的，莫过于能够让他觉得舒适，并且能做自己想做的事。当然，妻子想做到这些其实并不难，充分了解丈夫的喜好和消遣方式，有时候要尽量改变自己以适应丈夫的习惯。

无论怎样，女士们都应该明白，如果丈夫能觉得快乐幸福，那么，他就有可能取得事业上的成功，这也恰恰体现了太太的贡献。女士们，你们可以从现在就开始努力去做，期盼着那最美好的事情：四五十年以后，他将深情地说："她是如此的温柔。"

心中的爱，口里说出来

在一次纽约市社会工作讨论会上，市少年家庭董事会秘书、社会工作研究专家爱希尔·H.白特先生说："少年犯罪的主要原因之一就是缺少家庭的关爱。"

对于这个观点，我和妻子桃乐丝都同意。爱是给予一个人最好的精神食粮。只有爱，一个人才能生存和成长；反之，缺少了爱，一个人的心灵就会扭曲。这些少年像一个被饿急了的人，当他们感到极度饥饿的时候，就会饥不择食地吃下对身体有害的东西。他们是在缺乏爱的关怀下才开始走上犯罪道路的，他们试图用其他方法找到所缺失的东西。

在俄克拉荷马州的爱尔雷诺市，有一个联邦少年感化院。我们曾经在这里给孩子们讲授人际关系的课程。有个孩子告诉我，他在这里一个人待了这么久，他的母亲从来都没有给他写过信。在学了课程后，这个孩子给自己的母亲写了一封信，说他正在学习一些课程，他觉得自己的一些坏毛病已经被这些东西改变了。很快，他接到了母亲的回信。信上说，她认为他不可能变好，他只适合在监狱里待着。还有一个叫汤米的19岁男孩在孤儿院和感化院至少住了10年。他说："我最渴望的就是有人能爱我。可是这只是渴望，而不是现实。16岁以前，没有任何人关心我，也没有人在圣诞节送给我礼物。"

对于孩子而言，爱是最好的礼物。同样，在婚姻关系中，爱也是不可或缺的最重要的因素。

著名的心理学家戈登·W.阿尔伯特说："通常情况下，从来不能从别人的爱那里得到满足是普通人能够做得最正确的事。"没错，在人类生活中，爱情的潜力可与原子能媲美。如果爱在每天的生活中都有所显现，那它每天都能创造出奇迹。

女士们，如果你真的爱你的丈夫的话，你就能为了他的成功或是幸福而心甘情愿地做每一件事。所以人们常说，丈夫是否能够成功在一定程度上取决于妻子对丈夫的爱。

我的一位朋友乔治·吉恩·那森在一次闲聊中对我说："当我看到一个一尘不染的家时，我总会觉得，而且很快就发现，夫妇间的爱情已经像他们机械化的家一样，快要冻成冰了。我遗憾地发现，爱情永远不能和完美的家庭环境并存。这真是太遗憾了，一个深深挚爱着丈夫的女性无论如何也成不了一个完美的家庭主妇。"从那森先生这种有趣的夸张说法里，我们可以猜想到，他肯定还是个单身。但是，他的话却对那些要求完美的主妇们是一种警示——请不要注视着某棵树木而忽视了整片森林。

一个负责的妻子总会自然不自然地犯一些完美主义的错误：对孩子顽劣的行为要严加管束，要做出营养而美味的晚餐，要把家里打扫得一尘不染。她们太注重细节，而忽略了身边真正重要的事。

桃乐丝的一位老朋友吉姆的遗孀曾经写过一封信给她。在信中，她向桃乐丝讲述了许多过去的往事，最后她悲伤地说：“我从来都没有跟吉姆说过我爱他，我很需要他。”这的确是一件让人痛心的事，过往的时光再也不会回来了。现在，吉姆永远都听不到了。人生最可悲的事莫过于失去之后才想珍惜。

实际上，在日常生活中，这位女士的例子并不少见。路易斯·M.特尔曼博士曾对1500多对已婚夫妇进行调查研究。他发现，许多男性认为，仅次于唠叨的造成婚姻不和谐的原因，就是妻子不懂得如何去表达爱情。对于突如其来的危机，许多女性大都能应付自如，比如丈夫失业，患上严重的疾病或者犯罪被判刑，妻子可以不断地给予丈夫帮助。让人惋惜的是，当一切变得安稳下来的时候，妻子反而很容易懈怠下来，忘记了告诉丈夫，他在自己心目中的地位是多么的重要。

在我平时遇到的朋友中，大多数人都会认为，丈夫应该更多的爱护妻子，他们应该时常对妻子说些甜言蜜语。但实际上，像威廉·珀林其尔博士描述那种喜欢挑剔和批评别人的女性时所说的一样：“有些人实在是太自私了，她们不想对别人表达一丁点儿的爱意。”那些抱怨丈夫不重视自己，不懂得欣赏她们的女性，其实也很少重视自己的丈夫。换句话说，只有能够体贴地爱别人的女人才能得到丈夫的欣赏。关于夫妻之间的爱情，曾经有人这样比喻：爱情的冷淡就像“精神食粮不够”一样。丈夫不是只吃面包就能够存活的，有时，他还需要一块撒了糖的蛋糕——爱情的蛋糕。

女士们，回想一下你身边的这个男人，是否也经常这么做：带你去看戏，度过了一个愉快的夜晚；在某些特殊的日子或是平常的时候，送给你一束玫瑰花；甚至只是每天早晨倒个垃圾。这些，都是值得让你去感谢他的。

我的一位朋友告诉我，以前她认为丈夫什么忙都帮不上——他不会给孩子换尿布，不会把那个漏水的水龙头拧紧一点，所以，她觉得能让他倒杯水也是一件了不起的事。直到那个夏天，他去了欧洲，她才惊讶地发现，其实他每天都做了那么多不起眼的事情，可她却从来没有表示过谢意，如今，她只能自己去做了。

也许，有人会觉得妻子所做的努力都是毫无回报的。那么让我来告诉你，丈夫肯定会感激妻子对她付出的爱的！华威克·C.安哥思在写给我的信中说："我可爱的妻子让我觉得自己比任何男人都幸福。如果时光倒流到32年前，就算我不知道现在的事情，只要她愿意与我共度一生，我仍然心甘情愿地娶她为妻。我能给她的最大赞赏就是，正因为有她在我身边，所以我才拥有了今天的成功。"

所以，女士们，请深情热烈地爱你的丈夫吧！如果你的爱能让他感到幸福，那么，他就会有更多成功的机会，从而让你们的生活更加幸福。

十分女人：三分美丽，七分善良

前不久，我的一个居住在小镇上的朋友卷入了一场极其痛苦的政治纷争：因为政见不同，他和所有的邻居都疏远了。一个多礼拜后，他在一次事故中受了很重的伤，住进了纽约市的一家医院。

最悲凉的莫过于在医院度过圣诞节的夜晚了。他一个人躺在病床上，忽然，他竟看见了他的两个邻居站在病房外！一直以来，他以为他们是恨他的，而此刻，他们就站在他的身边。一个足有五英尺长的蓝色圣诞袜被举到他眼前，袜子被包装精美的礼物塞得满满的。

也许，我要花上一整天的时间来叙述我的这位朋友是怎样通过这件事转变了对他人的看法。但这让我更加相信，在我们居住的地方，大部分人都是心中有爱的人。当我偶尔对此表示怀疑的时候，就会走到家中的书房里，打开一个小小的抽屉，抽出那封梅·卡利夫人写来的信，再读一遍。她说：

“我的父亲是个农民。在我12岁的时候，邻居为了保住他的农场，向我父亲借了1800美元。几年过去了，邻居也没有提还钱的事，父亲也没有去催他。有一天，我听到了一句可怕的话，那个邻居在醉酒后说，如果他杀了父亲，他就不用还钱了。结果没过几天的夜里，父亲开车进城时，那个邻居故意开车从路边冲出来向父亲的车撞去。事后，他自己迅速开车溜掉了，把受伤的父亲孤零零地留在那里。

“很快，医生到了，警察也来了。我父亲却做出了一个让大家都很意外的决定：他拒绝控告那个邻居。他说邻居喝多了，对自己干了些什么事根本不清楚。父亲说，如果那个男人进了监狱，他们家就会毁掉的。就这样，父亲放弃了起诉的权利。

“一年半后，父亲在医院里去世了。临终时，他把五个孩子分别叫到床边。轮到我的时候，他拉着我的手说：‘答应我，别辱骂或是打那个邻居的孩子。这样，他们才能像你一样正常地成长，成为受人尊敬的好市民。心中有恨的人是不会活得幸福的。’这个保证对一个孩子来说是多么艰难！但到现在为止，这件事情过去了30年，我没有辜负父亲的嘱托，我还和那个邻居的孩子成了朋友。”

坦白说，这位父亲那份博大的胸怀和真诚的爱心，让我由衷地敬佩。邻居借钱不还，还让他因此送命，可他却对邻居没有半点怨言，甚至要求家人不要报复。有此般经历，竟还能如此宽容有爱，相较而言，我们又何必斤斤计较呢?

前不久，我收到一封来自纽约市的信，是乔妮·洛厄写给我的。信中，她讲述了这样一件事：

“那是某一天上午的10:30左右，我被通知自己一手建立起来的公司不再属于我了。事先一点征兆都没有。我完全懵了。律师告诉我，把我公司抢走的两个生意人，是以技术上完全合法的手段操作的，我没有任何办法可以挽回。这代表我所有的财产都没了。当时，从未有过的担心和害怕向我袭来。接下来的时间里，我完全处于混沌状态。大概到了下午2点多，我走进车间，向生产经理路易斯诉说了这件事。然后，跟在场的每个雇员道别。从公司成立的那天起，他们中的很多人就一直跟着我。

“然而，就在我离开的时候，一件不可思议的事发生了：工厂里的每个人也都收拾好自己的东西，跟着我离开了。新老板许诺说，如果工人们肯回来，他可以答应任何条件。他还跟路易斯说，如果他肯回来，就终生雇佣他。但路易斯说：‘你这样的人没资格让我为你工作。’新老板对此没有一点办法。他手里的一堆订单因为没人愿意给他干活，所以一件产品也没有生产出来。你知道的，工人们如果不回去上班，他们同样领不到失业救济金。我对此无能为力，我把自己所有的钱都投进公司了，我现在也是个穷人了。

“两个月过去了。说实话，我真不知道这段日子那些工人是怎么熬过来的。平时，他们中的很多人都是‘月光族’，每到月中就捉襟见肘了。这时候，新老板实在不知该怎么办才好，没有产品，他得到的只是公司的空壳而已。两个月零两天后的一个下午，我收回了我的公司。第二天一早，我在公司又看到了所有的工人。

“当公司不属于我的时候，是工人们的理解、信任和尊重支撑了我。也正是他们极大的忠诚让我要回了我的公司。我满怀感激地对他们为我做的一切表示感谢和敬意。世界上没有人能和我的雇员相比，他们是我最好的朋友。”

读完这个故事，我简直都要拍手叫好了。女士们，你是否和我有同样的感受呢？一直以来都是这样，只有心中充满爱的人才会发现生活的精彩之处；那些不具有成熟人格的人会说，政治家都是骗人的，大公司没有一点人情味，他的老板很愚蠢……其实，根本不是这样。

加利福尼亚州的维拉德·克罗斯利博士曾经遇到过一件事，不仅很有意思，还给他的人生带来了巨大的影响。

那是他在医科大学读书的时候，一个周六的上午，系主任要给他们上一堂药理学课，这是一门非常关键的课程。不巧的是，他有个约会。在此之前，他已经和一个金发护士约好了去野餐。所以，他决定旷课。当他正要给那位金发护士朗诵一首诗歌的时候，他听到了一阵脚步声。当他抬起头的时候，简直吓傻了。系主任和他的女儿出现在他面前，他们一起出来采草药。当时，他真是目瞪口呆，一句话也说不出来。系主任皱着眉头看了他一眼就走了。他心里很害怕，满脑子想的都是会不会因为这一点不敬的行为，辛辛苦苦三年的医书就白读了。

他跑到学生会去问自己的那帮朋友，他们都说这事确实挺严重。其中一个朋友拍着他的肩膀说："我想，你可能天生就不是吃医生这碗饭的。"其他人则打趣地问："你的那些医学书要多少钱才肯卖？"他整个周末都提心吊胆的。

周一早上，他下定决心，不管结果怎样，都要跟系主任好好谈谈。他来到主任办公室，诚挚地对他说："主任，我为我上个星期六非常不礼貌的行为感到羞愧，我特意为此来向您道歉，但您知道，我确实是无心的。"他没想到，系主任竟然扑哧一下笑了，还说："我也年轻过，克罗斯利，我也做过这种事。不要再想它了。重要的是，你玩得高兴吗？"

听到这样的话，他长舒一口气，紧张的心情也放松了下来。他想，系主任之所以能够做到现在的职位，也许就是因为他了解年轻人，最重要的是他心中对学生、对生活都充满了爱。

事实上，这一点是很多成功人士都具备的。他们不断培养自己成熟的人格，不会利用手中的职权去践踏别人的自尊，总是能发现别人身上的优点。他们对身边的每一个人和生命中的每一件事都充满了热情。所以说，女士们请记住，在男人眼中，一个充满爱心的女人，才是最迷人的妻子。

Chapter9

善良是最美的嫁衣，多爱自己也多爱别人

和富有色彩、情调的女人在一起，你总会感到生活是美丽的，温馨的。富有色彩和情趣的女人，多是有智慧、内涵丰富的女人。她们在生活的点点滴滴中流露出不同寻常的风采，常常令你耳目一新。

——戴尔·卡耐基

和自己谈场恋爱，全心全意宠爱自己

各位女士，你们应该不时地反省一下自己是否有如下的感觉：总感觉自己的生活是以别人为中心的，不论这个人是你的丈夫还是孩子，或是你的工作；你为自己的透支而感到紧张，时不时就抱怨没能得到应有的回报与理解，你一直压抑着自己的愿望与诉求。女士们，要知道，如果任由这种状态持续下去，你的更年期很可能就会提前到来。你很可能会变成一个爱发牢骚、婆婆妈妈的怨妇，而不再是那个神采飞扬、精神抖擞的少妇了。

不同的心态与生活方式的确会在一个女人的外表上打下很深的烙印。如今的女人全面参与社会活动，这让她们感受到了前所未有的自由，同时也面临着前所未有的压力。一个懂得生活的聪明女人，会在努力展示自身潜力的同时，也充分关照自己、宠爱自己，从而拥有一个高品质的幸福生活。

每个女人都可以用自己独特的方式来爱自己，比如不轻易放弃你喜欢的东西，适当满足自己合理的愿望，每天给自己多一点的快乐与少一点的烦恼，这都可以看作是对自己的宠爱。

懂得宠爱自己的女人，会找到生活的平衡点，不会让任何人来破坏自己的生活。她们总是按照自己的意愿来调适人生，而不会在悄无声息中任岁月带走自己的容颜。就像我们平时所看见的那样，许多步入中年的女士们依然保持着光彩照人的面貌，时间对于她们来说仿佛并没有起到任何负面的作用。然而另一些女人则不然，她们像不停燃烧的蜡烛，变得憔悴，不等时间催人老，她自己就先放弃了自己。

其实，没有哪个女人的内心深处没有宠爱自己的渴望，只不过你可能一时不知从哪里开始做起。我这里有一些建议，希望可以帮助你重新找到生活的情调。

1. 永远不要在精神或心理上折磨自己。

在我们日常的工作生活中，压力时刻存在，很多女人可能就在不知不觉中承受了那些日积月累的压力，从而让你在重压之下喘不过气来，破坏了你的生活。如果你的压力来自感情上，这时候你则需要重新认识那些带给你压力的事情，做一个彻底的了断。许多女人在面对情感危机时，总显得优柔寡断，或是毫无理智。

前不久，当我听到奥蒂莉亚准备和男朋友分手的消息时，我为她终于做出决定而感到高兴，我甚至对她说，你也许早就该这样做了。显然，奥蒂莉亚的爱情已经走进了死胡同。她想有个家庭，有个孩子，可又不敢肯定身边的这个男人是否是自己正确的选择。

时间一年年过去，她仍然守着如死灰一般的爱情，眼前的这个男人成了奥蒂莉亚生活中的一块鸡肋，食之无味，弃之可惜。试想，如果处在这样一种状态的感情生活中，又怎么能让你开心起来呢？

的确，与相恋多年的男友分手并不是一件容易的事，然而一旦你认为这个男人并不是你最想要的，你就不该再拖泥带水。记住，你的未来永远比过去重要。

如果你的工作压力很大，那么你应当及时地做出某种调整，除非你觉得你已经没有选择的机会了。事实上，可以让我们选择的机会永远都存在，而且往往还不止一个，只是你不敢做出与以往不同的改变罢了。这时，你最需要的是要相信自己能改变现状，同时也能改变自己。你可以要求调换工作，或是辞职，或者转行。或者，如果你觉得自己在某些方面需要系统学习的话，你还可以选择为自己充电，继续读书深造。

还有一点就是，你的压力来自于家庭。如果你有永远做不完的家务，事实上很有可能是追求完美的你坚持让家里时时保持你所要求的整洁，这时你不妨请一个钟点工来分担一部分，一般说来这不会花费多少钱，却会让你有一种很大的解脱感。

2.重视自己的身体健康，不要忽略它的细微变化。

女士们，请千万不要忽视自己身体的小小变化，一旦有什么不适，要尽早地寻求对策，以保持身心的良好状态。这其中也包括你要知道如何调适自己的心理，以消除各种心理问题的困扰。

为了你的健康，你最好给自己制订一个完整的计划，比如：每年做一次全身的健康体检，请医生为你的身体状况做出总结；了解你的家族病史，即使你目前尚没有任何症状，也要对此十分小心；每天坚持运动不少于30分钟，还要利用空闲时间去舒展身体。

科学家们指出，一个人患病与否很大程度上取决于基因遗传，但同时他们也说明，后天的因素也同样非常重要。一个善于管理自己健康的女人，看起来会更有活力和有生气。

3. 想办法让自己过得快乐，为自己制造快乐。

在这个世界上，肯定会有能让你感到特别轻松的事，只不过你很久不曾这样做了而已。烦琐的工作与生活让你忘了自己也曾有过单纯的快乐与感动。那么就是现在，请努力回忆一下那些曾带给你快乐的事情吧。

快乐不是抽象的，它源自于你对生活的热爱与参与。也许是一件心仪已久的漂亮首饰，或者是一次从容的旅行，再或者可能只是静静的独处时光。除此之外，千万不要小瞧包括美食、运动、游戏在内的很多东西，它们都有可能是带给你快乐的东西。

4. 了解自己的现状，给自己设计美好的、合理的未来。

一个懂得宠爱自己的女人，永远不会让自己掉进麻烦的陷阱。你要清楚自己的状况，25岁时不要为了买下一幢大房子而向银行借债，因为你根本不需要大房子，单身的你仅仅需要一间小公寓就足够了。你的未来有很多种选择，在对自己提出要求的同时，也要充分宽容自己。了解自己的长处，知晓自己的短处，并能够扬长避短，清醒地做出任何与自己有关的决定。

一个能够给自己更多宠爱的女人，往往在职场上也是一位赢家，因为你懂得宠爱自己，所以你总能保持极佳的状态。

干净的房屋叫建筑，舒服的房屋叫家

《妇女家庭》杂志上有一个专栏很受欢迎，它是克利福特·R.亚当斯博士开设的《如何让婚姻幸福美满》的专栏。其中，她曾经说过："虽然丈夫和孩子有他们自己的责任，但是妻子在家庭中的表现对一个家庭意义重大。"

各位女士，你有没有想过：当丈夫忙碌了一天，疲惫地回到家中时，他需要什么样的环境帮助他缓解压力和疲惫？你要怎么做，才能让他第二天充满斗志地去工作？或许，你从来没有关注过这些事，但我要告诉你，这真的很重要，因为它关乎着丈夫事业的成败，也关乎着你的幸福。

首先，你要让家庭氛围显得很轻松。美国基督教大学精神科教授罗伯特·P.奥汀桦特博士在美国基督教家庭生活二十届年会上发言指出，太太们对于家里要绝对干净的愿望是"美国文化中最大的压迫"。

每位女性都希望自己能成为一个优秀的家庭主妇，当我们看见丈夫把自己好不容易收拾得一尘不染的客厅弄得乱七八糟时，我们常常有过去狠狠揍他一顿的冲动。但是，各位女士，在你们想大骂他毫无良心之前，请记住，只有在家里，丈夫才感觉到放松。这时候如果你做得太过分的话，丈夫们反而得不到应有的休息。

我记得小时候有这样一位邻居，她的举动简直让我们不敢去她家里：因为怕把家里的地板弄脏，所以不允许孩子们带朋友回家；为了不让窗帘染上烟味，她不允许丈夫在家里抽烟；无论是谁，必须把看过的书或报纸放回原处。这种情况普遍得很，在戏剧《克莱格的妻子》中，女主角哈里莱特·克莱格也有这样的毛病。哈里莱特·克莱格要求家里要保持绝对的干净，她甚至不允许把坐垫放错位置，她不喜欢有人来拜访！

其次，作为妻子，女士们一定要记住，丈夫最需要的就是舒适的家庭环境。丈夫尤其讨厌在身心疲倦时看到身边满是女人眼里那些迷人的东西——精致的桌椅，柔软的毛织物，过多的装饰品等等。他们特别希望自己能有个放脚，放烟灰缸、报纸和烟斗的地方。

在布置房间的时候，女人很容易就忽略了丈夫对于舒适的要求。我曾经在巴黎买过一些精美小巧的仿古烟灰缸，我把它们特意摆在家里显眼的位置，希望来的客人能使用到这些精致的小东西。可是每次客人来，都喜欢使用我在廉价商店买的大型玻璃烟灰缸。

各位女士，如果你总抱怨丈夫把你辛苦布置好的家弄得一团糟的话，那么我就要提醒你，也许是你布置家庭的方式出了问题。他之所以随手乱丢报纸，是不是因为茶几不够大，或者是茶几上摆满了装饰品，搞得他没地方放报纸了？他把烟灰到处乱弹，让你无法忍受？那就给他多买几个大烟灰缸吧。他经常把脚放在你精致的脚凳上？给他买个牢固的、塑料的脚垫不就行了。总而言之，如果家里给他一种十分舒适的感觉，那么我想没有哪个丈夫会再想去别的地方了。

洛杉矶家庭关系协会会长保罗·珀派罗博士曾说：“在现代社会生活中，人们都面临着竞争，工作不像野餐那样让人觉得轻松而愉快。从下班的那一刻开始，男人们就开始渴望拥有安宁、舒适、受人关心的生活。家庭是男性的栖息地，所以妻子应该让他暂时摆脱工作上的麻烦，充分享受家庭所带来的快乐。

妻子应该努力让自己的丈夫有这样的感觉：他才是这个家的国王，而不是娇贵的女性王国里那个愚蠢的破坏者。的确，女人一般都很擅长用很少的钱布置出最好的房屋来，她们把房间调成温柔甜美的色调，用一碰就碎的工艺品布置房间，屋子里散发出精巧别致、迷人完美的味道。可是你有没有考虑过，你的丈夫是个典型的男人，整天抽着烟，高大威猛，这样的环境让他十分拘束。这样，等到下次再有朋友或同事来访时，他就很自然地招待朋友们去森林里的小屋，或者去海边钓鱼，尽管他很爱自己的妻子。女人因此不断地抱怨丈夫的这种行为，却不肯为了丈夫而改变一下自己。

各位女士请记住，我们不是为了让家里绝对洁净才去做家务的，而是要给你深爱的丈夫营造出一个舒适安宁、充满爱意的小窝。

不拿事情当回事，大事就会变小事

每个人都难免会遇到一些让人忧虑的事，这时候，心态的平和就显得极为重要。平和自然的心态可以让你忧虑不安的心恢复平静，从而建立起健康的、积极向上的生活态度。有意识地努力培养自己良好的心态，久而久之，你就能从容地处理生活中的每一件事。

著名心理学家威廉·詹姆士在《轻松主义》一文中分析了人们疲惫的原因："现代人考虑事情太过复杂，他们做事太仔细，太注重结果，所以，他们常常感到很疲惫。"心理学家海尔姆也认为我们所感受到的大多数疲劳都是在心理的影响下产生的，实际上，单纯性的生理疲劳是很少的。如果你不相信，就来看看爱丽芬尼的例子吧。

爱丽芬尼小姐是通用公司的电脑打字员，每天晚上下班回家后，除了往床上一躺，她什么都不想做。就连吃饭也要她母亲三呼四请地叫她，她才勉强出来。

一天晚上，她刚进家门没多久，就接到了男朋友的电话，是约她一块儿去跳舞的。爱丽芬尼似乎一下就恢复了元气，马上换上了她最喜欢的衣服，连饭都不吃就跑出去了，玩到凌晨两点，回来后还精力充沛得难以入睡。

就在几个小时以前，爱丽芬尼还表现出一副筋疲力尽的样子。这让她的母亲糊涂了：爱丽芬尼是真的很疲劳吗？实际上，是打字的工作让她感到十分厌烦，所以才会充满了疲劳感。

各位女士，这下你该相信海尔姆所说的：是情绪让我们的身体紧张起来，而不是其他别的原因。是的，忧虑和烦闷都会让我们感到疲劳，即使坐着也会无精打采。是紧张还是放松，关键在于你如何选择。那么，你不妨试试以下这些方法：

放松肌肉，可以暂时缓解精神上的紧张。各位女士，这个有效的方法你不妨一试，既简单又方便。只要稍觉疲劳，随时都可以这样做：轻闭双眼，头微后仰，在心里默念：眼睛放松，放松，再放松……这样做过一分钟后，你会感到有一种神秘的力量正按照你的意念调节你的眼部肌肉。依此方法放松脸部、头部、肩膀，最后是整个身体。这样，你就能在不知不觉中驱散掉所有的紧张情绪，整个人也能较好地从紧张中松弛下来。

认清问题，有助于降低你的紧张情绪。当你面临一个让你烦恼的问题时，你首先应该全面考虑一下，并问问自己：这个问题会对我造成多大的影响？会持续多久？一个星期？五年？另外，最重要的一点是，要确定这个问题是真实存在的，还是仅仅是你心里的感受而已。这样，你就能认清问题，找到正确的解决方法了。另外，分清事情的轻重缓急，也是帮助我们改善心态的好方法。事情有轻重缓急之分，做完重要的事再做别的事，你就会感到比较轻松了。

查尔斯·路特曼是一家上市公司的总裁，这是历经十几年的辛苦奋斗得来的职位。在谈到自己的成功经验时，他告诉我说："我之所以能够有今天的成功，就是因为我总是按照轻重缓急来处理事情。一般来说，我都是在早上五点钟时就把一天的工作计划安排好，因为那时人的头脑最清醒，我能比较周全地考虑事情。"

的确，很多时候令我们苦恼万分的，正是因为我们不懂得分清事情的轻重缓急。那些出人意料的突发小事总会把我们弄得紧张兮兮。扪心自问：事情真的到了那么严重的地步吗？丈夫突然调到别的部门工作，这真的会扰乱你的心绪吗？小猫经常把牛奶弄得满地；你边收拾屋子边做饭，把菜煮糊了；推销员总来骚扰你；屋外街道上的工人在钻孔修路……这些真的都需要一一进入你的内心，使你感到焦躁不安吗？

不抱怨不忧虑，事事总得意

最近，我身边多了一个心有怨气的人，有人好心提醒我千万不要和他在一起超过15分钟，否则他肯定会充满怒气又没完没了地谈起自己的事。果然，在他的义愤填膺中，我也终于知道了那件恼人的事。

事情发生在一年以前，可直到现在，他提起来还是一肚子气。原来，一年前的年末，他为34位公司员工发了共1万元的圣诞节奖金，平均每人300元。可结果呢？竟然没有一个人为此感谢他。他抱怨着："我真后悔，竟然发奖金给他们。"

中国古代有一位圣贤孔子，他说过："一个怒火中烧的人，浑身充满了毒素。"这样说来，我真同情面前这位身中剧毒的人。他60岁了！这位老兄——如果还有幸活上十四五年（据保险公司统计），可他却在为一件过去了的丝毫不值一提的事浪费了将近一整年的时间，在时日无多的后半生还这样想不开，这的确令人感到同情。

但是他应该扪心自问一下，为什么员工对此毫无感恩之心？是因为待遇太差，工时太长，还是他们认为圣诞奖金是理所应得的？还是这个身为老板的人自己就是个爱刁难人又无感激之心的人，以致别人从不敢奢想去感念他？

然而，我要说的是：指望别人对自己感恩戴德，这实在是犯了一般人都易犯的错误。因为以回报为前提的善举是不仁义的，而且，在现实生活中不知感恩的人也不在少数。

在我小时候的记忆里，家里很穷，但即使这样，也没能改变我父母乐善好施的品性，他们每年都会留出一点钱寄到孤儿院去。那家孤儿院除了偶尔寄来几封感谢信外，从来没有人去拜访过他们。不过他们早已心满意足了，因为他们享受着助人的乐趣。

等到我长大远离父母独立工作后，每年圣诞节，我都给家里寄一张支票，让父母买些他们自己喜欢的物品，可他们每年都留着不花。当我回家过圣诞时父亲就告诉我，他们用那些支票又给哪一个生活贫苦的人买了煤炭和日用品送过去。他们所能得到的最大快乐就是无私施予、不求回报。

亚里士多德曾说："理想人就是，助人为乐使人快乐，但让人助己快乐则自己羞愧。这是善良的最高标准，却是索取的最低极限。"我想，父亲已经具备了亚里士多德所描述的理想人的境界。要追求真正的快乐，就必须忘记要求他人感谢的想法，只需享受无私施予的快乐。

忘恩原是人的本性，就像满地随意生长的杂草；感恩则有如玫瑰，需要园丁耐心细致的栽培及爱心的滋养。子女们不知感恩，该怪的就是父母自己。如果你从来不教育孩子对别人表达感谢之情，怎能期盼他们来感谢你？

我有一位朋友在芝加哥一个纸盒工厂工作，工作极其辛苦，周薪却还不过40美元。他娶了一位寡妇，这个女人说服他向别人借钱供她前夫的两个儿子上大学。我的这位朋友用有限的薪水支付家用开支、房租、燃料及缴付欠款，像苦力一样任劳任怨干了4年。可是，他的太太却认为这是他理所应该承担的，从未对他表示过感谢。那两个孩子当然也是如此，他们一点也没觉得亏欠这位继父什么。

这位母亲以为她的责任就是不让孩子承担任何重担和受委屈。可实际上，她的举动让孩子产生了一种危险的错觉，认为这个世界上所有的人都有义务供养他们生活。后来，其中一个孩子想向老板“借”点钱，结果被投入了监狱。

女士们，一定要记住，孩子是家长一手造就的。想要子女感恩，只有自己先做出感恩的表率，我们的一言一行都对孩子产生着深远的影响。在孩子面前，千万不要嘲弄别人的善意，也千万别说那种一味指责他人的话。正所谓“说者无意，听者有心”，我们以为毫不起眼的小事，孩子们却由此记住了。要想让你的生活中充满感恩的爱，就要首先从自己做起，自己有天使的翅膀，才会带着孩子们一起飞。

帮助他人，往往幸福了自己

很多时候，仅仅是发自内心的一点小小的善举，就能够铸就大爱的人生舞台。

叶慈太太是一位小说家，然而，发生在她身上的真实故事却比她创作的所有小说都精彩。

一年多来，叶慈太太由于心脏不好，所以只能一直卧床休息，每天在床上度过的时间超过22个小时。在这段时间里，她走过的最长路程就是从房间到花园里去晒日光浴。可即使这么短的距离，也还要女护士的搀扶才能走到。

改变发生在一天清晨，日军偷袭珍珠港。她告诉我："如果不是因为这场突如其来的遭遇，我永远都不可能开始真正的生活。一颗炸弹落在我家附近，震得我从床上跌下来。陆军指挥部把海军、陆军的家属用卡车接到学校来避难。红十字会的人和附近居民联络，寻找愿意帮忙的人。他们发现我有个电话，问我是否志愿把家里作为联络中心。于是，我尽可能地把海军、陆军的家属都登记在册，红十字会的人通知军人们打电话联络我，我再告诉他们的家属。

“不久之后，我得到消息说我的丈夫是安全的。这让我更加尽力地去帮助那些不知丈夫下落的太太们，并安慰那些可怜的寡妇们——好多太太已经失去了丈夫。据后来统计，那次战争在前线阵亡官兵的共计2117位，另有960位下落不明。

“刚开始时，我只能躺在床上接电话，后来我就坐起来接。随着战事越来越紧张，需要我做的事情也越来越多，我变得异常兴奋起来，甚至完全忘了自己的疾病，竟开始下床坐到桌边工作。帮助那些比我还悲惨的人使我完全忘记了自己的痛苦，除了每晚的8个小时睡眠，我从此再也不用躺在床上了。的确，我承认，躺在床上非常舒服，我总是以等待来消磨时光。直到遭遇那次空袭我才知道，原来在潜意识里我已经失去了复原的意志。

“日本偷袭珍珠港是美国历史上巨大的悲剧，而对于我个人，却有着不一样的意义。我的潜力在这次危机中被激发出来，迫使我把注意力转移到别人身上。我再也没有时间去考虑自己或照顾自己，这也给了我一个坚持生活的重要理由。”

如果有心理疾病的人都能像叶慈太太那样，愿意去帮助别人，那么将会有至少1/3的病人可以痊愈。这样的结论是被著名心理学家卡尔·荣格证明过的，他说：“从生理方面，我大约1/3的病人都找不到任何病因，他们主要是找不到生命的意义，而且自怜自怨。”荣格的病人，他们总想把自己的一生走得顺顺当当——而道路就在他们的脚下。于是他们可怜、无知与茫然地去寻求心理医师的帮助。要是没赶上人生的渡轮，他们会站在码头上责怪所有的人，这些人总要求全世界来帮助他们。

也许听了这些你仍然会不屑一顾："这些事算得了什么！要是圣诞夜偶遇孤儿，我也会关心他们；要是我碰到珍珠港事件，我也会很乐意做叶慈太太所做的事——可我的生活与别人完全不同。一天工作八小时，日子过得乏味而无聊，从来没有碰上过什么有趣的事情。我哪里还有什么兴趣去助人开心呢？"

或许你说的没错，但让我来告诉你，不管生活多么枯燥，我们每天都会碰到一些人，你又是如何对待他们的呢？是擦肩而过，还是进一步去了解、关心他？例如你看到邮递员每天颠簸上百里为大家送信，你是否用心地去了解过他住在哪里？你是否关心过他的疲倦和对家人的想念？

杂货店的小工、报童、街角的擦鞋匠，这些人也都有自己的烦恼、美好的梦想和个人的憧憬啊！你有没有试图给他们表达的机会，让他们与别人分享自己的看法？你可曾对他们或是家人的生活表示过真切而热烈的兴趣？我谈的就是普通大众的事，你未必要变成南丁格尔或社会革命领导者后，才能为这个世界无私奉献——就从明天早晨起来你遇到的第一个人开始向他表示你的新变化吧。

这样做能够让你收获到超乎寻常的心理满足感，亚里士多德把这种态度称为"开放的自我"。波斯宗教家左罗亚斯托说："对别人好不是一种责任，而是一种快乐的享受，因为这能促进你的健康与快乐。"

多为别人着想不仅使自己远离烦恼，也可以广交朋友，获得更多乐趣。一个极端自私的人是不可能活出真正的人生来的；反之，那些无私奉献、俯首甘为孺子牛的人才得以享受生活的乐趣。

让我们再来看看20世纪美国最杰出的无神论者西奥多·德莱塞

的例子。德莱塞认为宗教是一种神话，而人生只是“一幕白痴演的闹剧，毫无任何意义”。但在生活中，德莱塞却遵循着耶稣的一个神圣原则——为他人服务。德莱塞说：“如果你想从人生中获得任何快乐，就不能只顾自己，必须为他人着想，因为快乐源于你为人人、人人为你。”

所以说，各位女士，要想拥有闲适的生活和宁静的心灵，就不要忘了这句古往今来的俗语：“赠人玫瑰，手有余香。”

想笑就笑，明天的忧虑自有明天担当

我曾经去拜访过芝加哥大学校长罗伯·梅南·罗吉斯先生，并向他请教如何获得快乐。罗吉斯先生对我说："我一直都在试着按照希尔斯公司董事长罗森沃先生告诉我的一个小忠告去做，他的理论是：如果只有柠檬，那就做一杯柠檬汁。

各位女士，当我听到这个说法时，简直情不自禁地为它鼓起掌来！但遗憾的是，很多人却无法把它运用到现实生活当中。如果他们发现命运只给了他一个柠檬，他们会自暴自弃地说："这下我算是完了，我不会再有任何机会了！这就是命。"然后，他开始诅咒命运的不公，世界的薄情，并且一味地沉溺在自怨自艾之中。积极人的做法则完全不一样，如果他发现命运只给他留下一个柠檬，他会想：从这件不幸的事情中我可以学到什么呢？我怎样才能改变当前的现状，把这个柠檬做成一杯可口的柠檬汁呢？

著名的心理学家阿德勒发现，人类最奇妙的特性之一，就是能够把"负面能量改变成为正面的力量"。让我们来看看下面事例中，瑟玛·汤普森女士是怎样做的：

在战争期间，汤普森的丈夫被派往加州莫嘉佛沙漠附近的陆军训练营。为了能够和丈夫在一起，汤普森女士也搬到了那里。可让汤普森没想到的是，这里的条件比她事先预想的还要差很多。没过几天，她就开始诅咒这个地方。

的确，这里的自然环境非常艰苦，白天的温度高达摄氏52度，住在小屋里面简直能把人闷死。同时，这里的风沙非常大，所有吃的东西和呼吸的空气中全是沙子。更为糟糕的是，除了她丈夫，这里没有人会讲英语，当丈夫出去训练的时候，她就只能一个人待在小屋里面，无聊透顶。

就这样在这里煎熬了一个月之后，汤普森感觉自己如果再住下去，非得疯掉不可。于是她给自己的父母写了一封信，告诉他们自己要离开这里。

一个星期之后，汤普森收到了父亲的回信。出乎她意料的是，信中父亲只写了一句话："两个人从监狱的栏杆向外望，一个人只看见满眼的烂泥，而另一个人却看到了漫天的星斗。"汤普森明白了父亲的意思，并为自己的抱怨感到羞愧。于是她改变了主意，下定决心一定要留在这里，并且要找出这里的"漫天星斗"。

接下来的日子里，汤普森不再抱怨这里的糟糕天气，也不再去想那些恼人的事。她试着和当地人进行交流，并且开始培养自己的兴趣爱好。渐渐地，她和这里的很多人都成了朋友，她们经常在一起聊天，汤普森还时常会收到一些当地朋友送给她的礼物。此外，汤普森还会和丈夫一起去看日出和日落，或者去寻找遗落在沙漠中的贝壳。

时间变得不再那么难熬，汤普森发现自己慢慢变得快乐起来了。同时，她觉得现在有以往不具备的大把的空闲时间，如果什么也不做就太可惜了。她一直都有写本小说的梦想，以前总是没有时间，这回，她有条件向自己的梦想迈进了。于是她每天都写上两三千字。一年之后，她的这本书出版了，并且非常畅销。直到要随着丈夫离开这里的时候她才发现，自己已经彻底爱上了这里。

是的，各位女士，你没有看错，莫嘉佛沙漠的气候没有发生变化，那里的人也没有发生变化，一切都照常如故。但是，汤普森女士的态度为什么会从厌恶变成恋恋不舍呢？因为，她自己的态度发生了改变。她不再抱怨，也不再用一种消极的方式来看待问题，而是把那些负面的东西全部变成了正面的能量。所以，在她眼里，那里的一切都变得可爱起来。

我通过对古今中外名人的研究发现，他们之中的很多人都是因为把不当的消极情绪转化成了积极情绪，最后获得了完美的人生。例如，林肯出生在贫穷的家庭，但也正是因为生活的窘迫，他才发奋图强，最后成为了一个伟大的人物；柴可夫斯基有着一段非常悲惨的婚姻，但他把这些痛苦投射到音乐之中，终于谱写出了伟大的乐章。这样的例子举不胜举。

所以，各位女士，当徒遭人生逆境的时候，不要消极怠慢、自暴自弃，也不要抱怨命运的不公、世界的不平，而要改变自己的态度，把那些消极情绪转变成积极能量。只有慢慢成熟起来的女人，才会懂得发现生活中更多的乐趣，享受人生中美好的阳光。

找到对的人，就用心过日子吧

在当今这个充满忙碌与竞争的年代，来自各方面的压力让每个人或多或少都感觉到有些郁闷。我曾经采访过美国著名心理学家唐纳德·卡特，他对我说："现代人面临的压力越来越大，很多人都不堪重负。因此，不管是男人还是女人，都需要找到一种方法来缓解这些压力。我认为，最好的也是最有效的方法就是以情调来调节生活。它能让你的生活变得丰富多彩，从而带给你许多快乐。当然，这些不需要花费你很多钱。"

情调其实是一种浪漫的生活态度。一个懂得浪漫并擅长制造浪漫气氛的女人，通常都会拥有非常好的人缘。与那些斤斤计较的女人不一样，具有浪漫情调的女人大都怀有比较豁达的心胸，她们会把自己的眼光放在远处，对未来的生活充满良好的憧憬和期待。她们身上会有一种由内而外的快乐气息，让周围的人在她的感染下也充满浪漫情调。

各位女士，无论你的生命走到了哪个阶段，请为自己的生活加一些浪漫的情调吧！这是一种非常可贵的品位，它能够让你的生活富有情趣、富有意义；它会使人懂得什么是情，什么是爱，什么是生活，什么是人生，从而让人们更加珍惜美好的今天。情调虽然不能与浪漫等同，但情调却能制造出浪漫。它其实是一种对生活品质的追求，是一种对自我气质的要求。有情调的女人最能打动男人的心，因为男人粗犷的外表下有一颗渴望浪漫的心。

另一方面，在生活中，很多女士有着这样一种错误的想法：往往把情调和高级场所联系起来，认为情调就是一种奢侈的享受，永远与普通人无缘。事实并非如此，难道在小房子里就不能进行烛光晚餐吗？

英国顶级服装设计师乔治·德莱尔也说过："只要你愿意，每个人每天都可以过得很有情调，因为它并不是一种奢侈的东西。举个例子，假如我给你一筐梨，里面有一些是烂的，那么你会怎么处理？有人会选择先吃烂的。可是，当你吃完烂梨的时候，会发现原来好的也已经变烂了。这样，你吃到的永远就都是烂的。也有人会先吃好的，因为那样可以让自己享受到美味。可是，当你吃完好梨的时候，那些烂梨已经没法要了，这样的话，你就浪费了很多。其实，你只要稍微动动脑筋，比别人再多想一些：为什么不可以把烂的那部分挖掉，然后把它们煮成梨糖水，然后再享受美味的好梨呢？这可是一举两得的好办法。显然，这既不会浪费又能让你享受到最好的那部分。"

懂得情调的女人深知自己最需要的是什么以及生命中最重要的是什么。可以这样说，只有懂得情调的女人才谈得上真正爱别人，因为她们会首先让自己感受到快乐；而只有女人自己快乐了，她身边的男人才会快乐。虽然爱情是个很难说清楚的问题，但快乐却是爱情中不可缺少的因素。

在女人的一生中有很多的角色要扮演：女儿、女友、妻子、母亲。各位女士，只要你们有一颗热爱生活的心，就一定能够将每个角色都做得尽善尽美，通过情调来让自己的生活发生改变，获得来自亲朋好友的更多的爱。

生活多姿彩，有限时光做无限事

曾经，不少女学员在培训班上向我抱怨，说她们的生活太枯燥乏味，没有什么乐趣，每天重复做那些无聊又琐碎的事，实在令人难以忍受，可又不知道该怎么办。

每次听到这样的话，我总是会问她们："女士们，能不能告诉我，你们在闲暇的时候都做些什么？"这时候，我发现那些刚刚还抱怨生活单调无趣的女士们，脸上露出了喜悦和兴奋的神情，有的说自己去运动健身，有的说看电影，还有的说打理花园。

要说给我印象最深刻的，还是哈莉女士的回答。她说，自己最喜欢收藏介绍厨具的杂志。听她说完后，我马上和她约好，要她下次课上给大家展示一下她的收藏成果。结果，令所有人都没想到的是，奇迹就在这个时刻发生了。

那天上课的时候，哈莉女士再也没有抱怨生活单调无聊，她满是兴奋和骄傲地介绍那些她所知道的有关厨具的内容。我清楚地记得，她在课上说了很长时间，几乎把世界各地的厨具统统介绍了一遍。在做讲解的时候，哈莉女士的脸上没有任何的忧虑，她看起来那么快乐，那么满足，那么幸福。

最后，我十分欣慰地对哈莉女士说："祝贺你，你已经从乏味单调的生活中走出来了，你可以很快乐地生活。"听到我这样说，她有点迷茫，不解地问道："卡耐基先生，我不明白你说的话，我也不知道我做了什么就把问题解决了。"

我笑着对她说："我知道，因为家境的关系，你可能无法像那些富有的太太一样，享受更多物质上的娱乐。我还知道，作为一个已婚的女人，在生活中要面临诸多的烦恼，比如房子、孩子、衣食等等。可是，当你全身心地投入到你所喜爱的事情中时，你还有时间去考虑那些让人烦心的事吗？你还会觉得生活乏味吗？"

哈莉女士恍然大悟，原来专注于那些自己有兴趣的事就会很快乐啊。不只是她，我想对所有女士们说：无论你的身份是什么，无论你做着什么样的工作，如果你想让自己快乐起来，就培养一份兴趣吧，让自己的生活变得丰富起来。

只要你对一件事充满兴趣，哪怕别人觉得它很无聊，那也没关系，因为它能够给你带来快乐，这比什么都重要。现在，许多的家庭主妇之所以觉得生活枯燥单调，是因为每天都在重复地做着那些看起来没有任何趣味的家务。可是，除了做家务，剩余的那些时间呢？为何不去参加一些有意义的活动？为何非要在电视机前看肥皂剧呢？如果你能让自己快乐起来，那么厌烦的家务也会变得可爱起来。

我培训班上有一个女孩和其他学员不太一样，她叫卡夏。卡夏来参加培训班的目的是为了充实自己，而不像其他人那样是为了排除烦恼，因为她似乎从来没有什么烦恼。我一直注意观察着她，发现她每天都有很多事情要忙。

有一次我刚刚宣布下课，卡夏就拿起自己的东西，准备离开教室。我的好奇心使我上前叫住了她，问道："卡夏小姐，恕我冒昧，你最近是不是在谈恋爱？我看你每天都急匆匆的样子。"

卡夏笑了笑说："没有，卡耐基先生，我是赶着去上舞蹈课，晚上还要去学习绘画。"

我有些惊讶，继续问道："你把自己的时间安排得如此紧张，不会觉得太累吗？"卡夏对我说："不，卡耐基先生，我闲下来的时候，总是忍不住胡思乱想，很烦恼。所以，我宁愿让自己忙碌一点、紧张一点，做点喜欢的事，也不想去过那种单调无聊的日子。"说完之后，卡夏就和我道别，匆匆忙忙地赶往下一堂课了。

不得不说，卡夏小姐是个睿智的女性，她找到了一个能让自己快乐的方法，而且还非常有意义。正当我为卡夏小姐的做法感到高兴的时候，班上的另一位女士奥利弗找到了我，她的状态和卡夏的完全不同。

奥利弗满脸阴郁，她沮丧地说："卡耐基先生，我已经参加培训班很长时间了，也一直按照您教的方法去做，可我还是无法快乐起来。我唯一的爱好就是看电影，我也经常会去电影院。可是每次回来之后，我好像比没去的时候更难过了。我总在想，为什么电影里的人每天都活得那么开心，我却每天要面对枯燥无味的生活呢？"

我觉得，卡夏快乐的方法可以解决奥利弗的问题。于是，我对她说："其实，精彩和快乐就在你身边，只是你还没有发现它们而已。虽然你喜欢看电影，可那却是你唯一的兴趣，这也很单调。正是这种单调的兴趣，才让你没有感受到更多的快乐，无法从单调的生活中解脱出来。那么，为什么不多培养一些新的兴趣爱好呢？为什么不让自己的兴趣变得广泛起来？这样的话，你根本就不会再有时间去忧虑什么了。”

这之后的几个月，奥利弗都按照我的建议去培养自己的新兴趣。每逢周日，她都会约上几个志同道合的朋友一起去登山，每次她们都能从中体会到前所未有的刺激。后来我听说，奥利弗又对滑雪产生了浓厚的兴趣。虽然她还只是个初学者，经常会因为技术不熟练而摔倒，可她依然坚持去训练。

后来，我有一次在大街上遇到了她，问她现在的生活怎么样？还会觉得生活单调乏味吗？奥利弗笑着说：“您可真会开玩笑，卡耐基先生，现在我哪里还有时间去考虑那些烦心的事，我有很多要紧的事都做不完呢！”

我还想告诉各位女士的是，当你试图去改变自己单调的生活的时候，不只会感受到快乐，还会惊喜地发现自己的潜能和活力在不知不觉中就被激发出来。

或许，很多女士会说，自己现在没有经济能力去享受更好的生活，只能等到有了钱之后，再好好地体验一下那些想做的事。其实我想说，这种观念是错误的，也是很可怕的。

为什么要把快乐和金钱联系在一起呢？为什么要等到明天呢？一次轻松的旅游可能只需要100美元，一件漂亮的衣服或许只会花费几十美元，一个小小的装饰品可能仅仅需要几美元。这些你完全可以支付得起，用不着等到大富大贵之后再去买。如果你不能从现在开始改变，那么即使以后真的有钱也有时间，你也会失去享受生活的能力；因为你已经没有了当年的热情和心思，更不要谈什么灵感和才气了。

女士们，赶快行动起来吧！为单调的生活增添一抹新鲜，尝试着去发现一些有意思的事。你要学会抓住生活中每一处微小的快乐，改变那些枯燥乏味的计划，这是保持快乐的最好的办法，也是体验幸福的绝佳途径。